此书系

2016年国家社会科学基金立项课题的结项成果（证书号：20221701）

出版获浙江工业大学社科项目后期资助（编号：SKY-ZX-20210156）

网络欺凌治理
的国际经验与中国实践

International Experience and Chinese Practice of
Cyberbullying Governance

王哲平◎著

ZHEJIANG UNIVERSITY PRESS
浙江大学出版社
·杭州·

图书在版编目（CIP）数据

网络欺凌治理的国际经验与中国实践 / 王哲平著. —
杭州：浙江大学出版社，2022.11
ISBN 978-7-308-23256-2

Ⅰ. ①网… Ⅱ. ①王… Ⅲ. ①互联网络－治理－研究
Ⅳ. ①TP393.4

中国版本图书馆 CIP 数据核字（2022）第 213637 号

网络欺凌治理的国际经验与中国实践

王哲平　著

责任编辑	李海燕
责任校对	孙秀丽
封面设计	雷建军
出版发行	浙江大学出版社
	（杭州市天目山路 148 号　邮政编码 310007）
	（网址:http://www.zjupress.com）
排　　版	杭州好友排版工作室
印　　刷	广东虎彩云印刷有限公司绍兴分公司
开　　本	710mm×1000mm　1/16
印　　张	16.75
字　　数	226 千
版 印 次	2022 年 11 月第 1 版　2022 年 11 月第 1 次印刷
书　　号	ISBN 978-7-308-23256-2
定　　价	68.00 元

目　　录

1

绪　论

一、问题缘起

互联网"作为一种当代社交媒介工具,不但具有独特的技术功能,而且为人们在现实世界开辟了另一个生活空间。这个生活空间看似虚拟,却是建立在社会生活基础之上的,并深刻改变了人们的心理及行为"①。更加便捷轻灵的智能媒体、社交网络和自媒体让人们有机会介入更多的社会生活和公共生活领域,使人们与看似无关的他者发生了连接。网络空间本质上是由数字通信技术与社会组织、社会变化相互作用而形成的一种社会结构。如今,越来越多的青少年将时间花费在互联网上,网络对他们来说,不只是学习、娱乐的工具,更是一种生活方式,它起到了发展和维持社交关系的作用。

但是,互联网带给人类的福祉与困扰,犹如一枚硬币的两面,始终影响和伴随着在数字媒体和信息技术环境下成长起来的年轻一代。就全球范围而言,因网而生的网络欺凌现象,使得原先发生于学校、户外等现

---

① 唐魁玉,王德新.微信作为一种生活方式——兼论微生活的理念及其媒介社会导向[J].哈尔滨工业大学学报(社会科学版),2016(5):46.

实空间环境的欺凌行为转移至新的虚拟的赛博空间,由此衍生出目标更明确、手段更隐秘、情形更复杂、范围更广泛、危害更持久的社会问题。

2012 年 12 月,一名居住于美国佛罗里达州的 16 岁少女,在国际社交网站 Ask.fm 中,遭到网络匿名用户的言语攻击,由于不堪忍受而上吊自杀。2013 年 1 月、4 月和 8 月,又有 3 名少年因不堪忍受网络语言虐待,选择自杀。①

2013 年 8 月,长期受抑郁症和皮肤病困扰的 14 岁英国女孩汉娜·史密斯(Hannah Smith)在国际社交网站 Ask.fm 贴出照片,发布求助信息。随后,"丑女""帮帮忙去死吧""你这个可怜鬼"等类似留言频繁出现在汉娜的问答回帖中。长时间遭遇网络欺凌的汉娜由于不堪承受巨大的精神和心理压力,最终选择上吊自杀来结束自己的生命。

同年,美国佛罗里达州的 12 岁女孩丽贝卡·安·赛德维克(Rebecca Ann Sedwick)因不堪忍受长期的网络欺凌,最终跳楼自杀。在此之前,她曾在某社交网站上受到网友长达一年多的恶意攻击,在她社交网站的个人页面中充斥着"为什么不去死""你应该自杀""没人喜欢你"等恶意的消息或留言。

2013 年的"潘梦莹事件"轰动一时,令人记忆犹新。14 岁的中国广州初中女生潘梦莹在微博上发布了一条夸赞韩国明星权志龙的内容,但因措辞上有贬低球星 C 罗的嫌疑,引起了权志龙粉丝和 C 罗球迷的骂战。一些偏激的网友打电话辱骂、诅咒和恐吓潘梦莹的父母,甚至去潘家门口围堵,并向潘所在学校投诉,"人肉搜索"潘梦莹的个人隐私。这一事件最终导致潘梦莹被学校退学、被爸爸赶出家门,身心严重受创。②

---

① 关超. 全球社交网络欺凌现象频发 超 10 名青少年自杀[EB/OL]. (2013-11-15)[2022-10-20]. http://tech. huanqiu. com/internet/2013-11/4573319. html.

② 王文佳,王彭. 青少年处于网络欺凌重灾区 已引发多起自杀事件[EB/OL]. [2022-10-20]. http://finance. chinanews. com/cj/2013/08-21/5190606. shtml.

潘梦莹的母亲亦心脏病复发卧床不起。

不幸的是,类似的悲剧如今仍在世界各个国家不断发生。"全球第三大市场研究集团益普索对全球 28 个国家开展的《2018 年网络欺凌报告》(Global Views on Cyberbullying,2018)显示,全球范围内有 17％的青少年遭受过网络欺凌,且人数正在上升,其中美国青少年占 27％;从地区分布来看,拉丁美洲的网络欺凌占全球的 76％,数量最多;亚太地区最低,占 53％。调查结果中超过一半的网络欺凌是由同学实施的,其中北美地区达到 65％"①。

2016 年 12 月,广东青年文化宫联合香港游乐场协会、澳门街坊联合会发布《青少年网络欺凌调查报告》。该报告对穗港澳及其他华人地区 3965 名 24 岁以下的在校学生进行问卷调查,其中,68％的受访者表示过去一年曾经对别人实施过网络欺凌。②

2018 年,一项对我国中学生网络欺凌的实证调查显示,1170 名(占比 31.4％)学生被认定为受害者。③

2018 年《中国青少年互联网使用及网络安全情况调研报告》显示,遭遇过网络欺凌的青少年比例高达 71.11％,其中以网络嘲笑和讽刺、辱骂或带有侮辱性的词汇形式的比例最高。④

综上可见,愈演愈烈的网络欺凌俨然成为世界范围内影响青少年身心健康的突出问题。当我们目睹同学或朋友遭受欺辱时,当我们知晓他人假借微博、公众号、抖音等网络自媒体炮制散布各种别有用心的谎言、

---

① 方雅文.一般紧张理论视角下网络欺凌的影响因素分析[D].上海:上海师范大学,2021:1.

② 广州市青年文化宫.72.9％穗港澳青少年曾受网络欺凌[EB/OL].[2022-10-20].http://www.gzqg.cn/cn/news_info.aspx? Infoid＝433419,2016-12-16.

③ Li J,Sidibe A M,Shen X,et al. Incidence,risk factors and psychosomatic symptoms for traditional bullying and cyberbullying in chinese adolescents[J]. Children and Youth Services Review,2019,107(104511):1.

④ 吴玉兰.以德治网与以法治网[M].宁波:宁波出版社,2021:61.

拼图、语音、文字,编织许多荒诞离奇、蛊惑人心的桥段诋毁、施虐同窗邻座,甚至煽动不明真相者同声相应时,是事不关己高高挂起,做一个围观的看客,还是激发起内在的道德和伦理思考,唤起改变现状的主体意识?这不仅取决于我们是否有良好的数字公民意识和媒介素养,也取决于我们能否透过这些离经叛道的感性体验和行为实验,觉察并认识到它们本质上乃是对道德规范、社会伦理和文化传统的藐视、僭越和挑战。如何在当下青少年日益频繁的网络交往的语境下思考网络文化建设和数字公民培养,弘扬知性美德和善意,找回人类的"意义世界"和"价值空间",是网络欺凌治理的题中应有之义。

二、文献综述

网络欺凌是一个新兴跨学科研究的全球性社会问题,因其所导致的恶性事件频频出现而引起各国学界、教育部门和社会的广泛关注。"心理、情感发展不成熟的未成年人,既容易成为网络欺凌'沉默的受害者',也容易加入欺凌的队伍成为作恶者。"[1]联合国对全球 30 个国家、年龄段为 13 至 24 岁的 17 万多名受访者的调查显示,全球"约三分之一的年轻人曾遭遇网络欺凌,五分之一的年轻人曾为躲避网络欺凌和暴力而选择逃学"[2]。为此,美国专门出台《梅根·梅尔网络欺凌预防法》[3],英国教育大臣颁布新教师指导性文件《网上欺凌:给中小学校长和全体职员的

---

① 陈昌凤,胥泽霞.网络欺凌与防范——互联网时代的未成年人保护[J].中国广播,2013 (12):27.

② 徐晓蕾.联合国调查显示三分之一年轻人曾遭遇网络霸凌[EB/OL].[2022-10-20].ht-tps://baijiahao.baidu.com/s? id=1643807248221474949&wfr=spider&for=pc 2019-09-05.

③ 吴薇.美国应对青少年网络欺凌的策略[J].福建教育,2014(8):21.

建议》①，德国把网络欺凌和校园欺凌结合起来并案处置②，澳大利亚实施反网络欺凌政府监管机制③，日本文部科学省出版《应对网络欺凌指南和事例集》④……以期遏制住其蔓延的势头。

如何治理网络欺凌已成为世界各国亟待破解的难题。笔者以"cyberbullying"（网络欺凌）为主题，分别在科学网（Web of Science）中的斯普林格（Springer Link）等英文全文期刊数据库和中国知网（CNKI）、维普、万方中文全文数据库中进行检索发现，国外研究者自2003年开始关注网络欺凌问题，近五年来，对该主题的研究呈现出井喷式增长之势。截至2020年12月，共有3232篇相关文献探讨了"网络欺凌"（见图1-1）；而国内研究者自2009年开始关注网络欺凌问题，相关研究数量总体呈现上升趋势，尤其是近三年，研究文献数量明显增多，截至2020年12月，共有712篇相关文献探讨了"网络欺凌"问题（见图1-2）。观察我国网络欺凌研究成果迅速增多的另一个视角，是以此为研究对象的国家社科基金项目立项数量的不断攀升。本文旨在通过对中国知网和科学网所检文献的阅读与分析，梳理网络欺凌研究的学术史，概述发展的前沿动态，为研究者提供可资参考的问题域和方向标。

（一）网络欺凌研究的相关问题

1. 网络欺凌的概念界定研究

网络欺凌是一个较新的概念，对其进行界定一直是学者们研究工作的重点，也是争议较多的焦点，尚未形成统一的定义。一方面，是由于网

---

① 赵芳.反网络欺凌：英国教师"直起腰板"[J].辽宁教育,2015(3):95.

② 董金秋,邓希泉.发达国家应对青少年网络欺凌的对策及其借鉴[J].中国青年研究,2010(12):22.

③ 肖婉,张舒予.澳大利亚反网络欺凌政府监管机制及启示[J].中国青年研究,2015(11):115.

④ 师艳荣.日本中小学网络欺凌问题分析[J].青少年犯罪问题,2010(2):43.

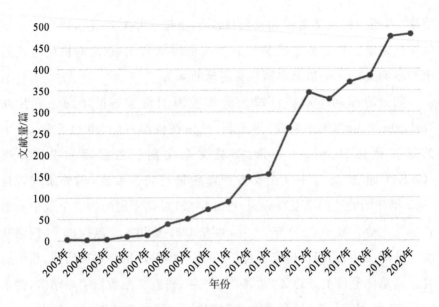

图 1-1 2003—2020 年国外关于网络欺凌研究文献数量走势

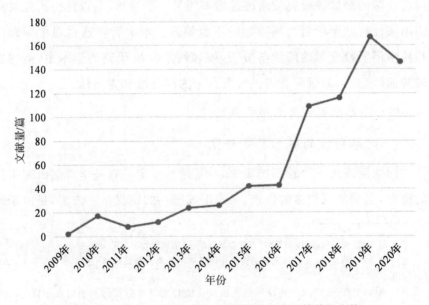

图 1-2 2003—2020 年国内关于网络欺凌研究文献数量走势

络欺凌问题本身具有一定的复杂性;另一方面,是由于成人社会与青少年对技术影响具有认知差异,以及网络欺凌实施者与受害者具有主观感受差异。目前关于网络欺凌的概念界定研究,被引用率较高的有以下几种定义。①

(1)"网络欺凌是指个人或群体使用信息传播技术如电子邮件、手机、即时短信、个人网站和网上个人投票网站有意、重复地实施旨在伤害他人的恶意行为。"②这一定义提出了三个要素,即借助媒介、反复性、恶意行为。

(2)"网络欺凌是发生在互联网、手机和其他电子设备上的,通过公开或隐蔽的方式发送有害的电子邮件、图片、音频和电话等来伤害他人的行为。"③这一定义关注到了网络欺凌的方式,认为网络欺凌与传统欺凌相比具备了一定的隐秘性。

(3)"网络欺凌指一个儿童或青少年不断通过互联网和手机等网络传播技术以文字、图片等形式折磨、威胁、伤害、骚扰、羞辱另一儿童或青少年之行为。"④这一定义将网络欺凌的双方都明确限定为儿童或青少年。

(4)"网络欺凌是指个体或群体通过电子媒介或数字媒介反复发布具有敌对性或攻击性信息的行为,这些信息以使他人受到伤害或感到不舒服为目的。"⑤这一定义强调了欺凌者的主观故意性,将无意识中造成

---

① 王凌羽."网络欺凌"治理的国际经验初探[D].杭州:浙江工业大学,2017:32-33.

② 参见美国"反对网络欺凌"网站:www.cyberbullying.ca.

③ Patchin J W, Hinduja S. Bullies move beyond the school-yard: A preliminary look at cy-ber-bullying[J]. Youth Violence Juvenile Justice, 2006(4): 148-169.

④ 宋昭勋.厘清"网络欺凌"的真正涵义[EB/OL].[2022-06-15].http:// www. rthk. org. hk/ mediadigest/20090615_76_122284. html.

⑤ Tokunaga, R S. Following you home from school: A critical review and synthesis of re-search on cyberbullying victimization[J]. Computers in Human Behavior, 2010, 26(3): 277-287.

的欺凌排除在外。

德永(Tokunaga)的定义被认为涵括了大多数研究者对网络欺凌的定义要素。具体而言,网络欺凌需要借助网络媒介,这是与传统欺凌相比的殊异之处。此外,网络欺凌是一种欺凌形式,它包含了传统欺凌的部分要素,如故意性、敌对性、反复性、长期性等,这些标准有助于区分网络欺凌与网络越轨(并不是故意伤害,不一定具有重复性,且是在一个平衡的权力关系中进行的)以及网络争论(属于故意伤害,但不一定具有重复性,且是在一个平衡的权力关系中进行的)。因此,网络欺凌的定义应该关注到由互联网技术带来的双方权力的不平衡性,这一点尚未引起足够重视。

此外,网络欺凌还须与网络犯罪和网络暴力区分开来。网络犯罪主要是技术性侵犯行为,表现为通过网络传播病毒、木马等有害信息,实施窃密或诈骗活动;而网络欺凌并非单纯的网络犯罪,它还具有反复性和长期性的特点,不少研究者还将其范围限定于青少年之中。因此,二者虽有重合但不能互相涵盖。网络暴力与网络欺凌在一些新闻报道或调研报告中常被混用,两者有较多相似之处,都属于因网而生且有别于传统暴力(欺凌)的破坏性行为,但网络暴力一般是指在网上发表具有伤害性、侮辱性和煽动性的言论和图片等行为,它不一定以青少年为行为主体,可以是一种快速完成的、暂时的伤害,如一些针对明星的人身攻击、人肉搜索等行为即应纳入网络暴力的范畴。

2. 网络欺凌的方式与类型研究

网络欺凌的类型可以从不同角度进行分类,主要有以下几个方面。

(1)欺凌方式

按照直接和间接的欺凌方式,网络欺凌可以分为技术端的电子欺凌和心理上的沟通欺凌。电子欺凌包括一些技术性的活动,例如发送煽动性的电子邮件和垃圾邮件、非法入侵网页、窃取他人网站上的密码等；沟通欺凌包括一些关系攻击的行为，例如在网上取笑他人、给他人起绰号、散播谣言以及侮辱他人等。

（2）欺凌手段

按照实施欺凌的手段，网络欺凌类型多样。日本文部科学省通过相关调查，认为青少年网络欺凌大致有以下四种类型："一、利用留言板、博客、个人主页公开同学个人隐私信息；二、将诽谤或中伤同学的信息制作成电子邮件，发送给其他同学；三、利用网络论坛或网络游戏上的聊天工具发布恶搞同学的信息、暴力动画或不雅视频；四、一些学生发送匿名信息给同学进行恐吓或要挟。"[①]

（3）发生场所

按照欺凌行为的发生场所，网络欺凌可以分为互联网欺凌和手机欺凌。"网络欺凌"通常被理解为"互联网欺凌"，而遗漏了通过手机拨打骚扰电话或者发送威胁短信等构成的欺凌行为。因此，在分类上将互联网中产生的欺凌和手机中产生的欺凌进行区分，可以使网络欺凌的概念更为明晰。

3. 网络欺凌与传统欺凌的异同研究

（1）共同点

网络欺凌是欺凌的一种形式，两者在本质上有一定联系。使受害者感到痛苦的攻击性行为是构成欺凌的重要前提。因此，传统欺凌与网络欺凌在有关故意伤害的构成要件、产生原因和发生方式上有很多共同之处。

首先，构成要件。传统欺凌和网络欺凌虽然使用了不同媒介，但仍

---

① 田泓，王远，陈丽丹. 虚拟世界，何以制止欺凌行为[EB/OL]. [2022-10-20]. http://world. people.com.cn/n/2015/0513/c1002-26991026.html.

然涵盖若干没有被网络环境颠覆的共同特征,如对受害者的伤害是蓄意而为而非无意识行为;具有长期性和反复性;欺凌者和受害者之间力量有着不平衡性。其次,欺凌方式。在传统欺凌中,欺凌行为包括直接和间接两种方式,直接欺凌是指直接的物理接触或动作攻击,比如推搡、攻击、嘲笑等;间接欺凌(亦称关系欺凌)是指隐性的攻击行为,比如通过破坏他人的社会关系来骚扰他人、制造绯闻、传播流言、起绰号、把某人排除在团体外等。同样,网络欺凌也包括直接欺凌(技术端的电子欺凌)和间接欺凌(心理上的沟通欺凌)。最后,传统欺凌和网络欺凌中的欺凌者和受害者有着类似的社会背景和心理特征,如欺凌者一般攻击性较强或者社交能力更为出众,受害者一般自我评价较低、性格较为软弱等。

(2)不同点

虽然传统欺凌和网络欺凌从本质特征到参与者都有所重叠,研究也表明两者确有显著的相关性,但是由于网络的介入,传统欺凌的一些要素、形式以及影响力都发生了变化。

从网络技术角度而言,网络具有匿名性、无界性和快捷性等特点,这使得网络欺凌界定中的反复性变得无法衡量,比如发布在网络上的诋毁性言论,虽然传播者只进行了一次发布,但这一言论可以被受害者反复接收到;此外,网络技术还给欺凌行为带来了一系列变化,如发生率更高,可以不受时间、空间限制,潜在的欺凌者和受害者数量更多且变得无法确定,欺凌行为传播的速度更快、隐蔽性强,从而使监控难度加大、危害更大等。从欺凌者角度而言,欺凌者的优势不再体现在身体素质上,而在于使用信息技术和在网络上隐藏自己身份等的能力上。从受害者角度而言,欺凌不再只源于他们所在的社会群体,电子媒介也使其暴露于遭受陌生人欺凌的危险当中,而且,受害者对网络欺凌行为往往无法积极回应,从而使得欺凌者忽略了他们的行为后果。

4. 网络欺凌的成因研究

(1)技术层面

首先,随着互联网和手机在全世界的普及,青少年可以越来越便利地接触到网络等低成本的传播设备,尤其是在信息技术发达的国家。正是由于网络的过早、过快普及,缺乏辨识能力和控制能力的青少年有了更多接触和传播不良信息的机会。

其次,互联网和手机具有匿名性。匿名性扩大了欺凌者和受害者的范围,在现实生活中没有成为欺凌者,甚至本身是传统欺凌中受害者的青少年,可能会变成网络欺凌的欺凌者,从而使更多青少年受到欺凌。因为网络的匿名性会降低个体的自我意识,导致他们难以抑制消极的情绪,并对其他个体表现出更强烈的冲击性和攻击性,正如伊巴拉和米切尔指出,互联网的匿名性会使青少年在网络上使用比他们在现实生活中更激进的表达方式。[1] 在匿名的网络环境中,网络欺凌的欺凌者和受害者双方身份模糊,无法确定欺凌行为实施后的后果和影响,古斯塔沃·梅西认为,网络匿名使得欺凌行为缺少反馈,这易使欺凌者失去自控能力,进而使欺凌行为愈演愈烈。[2] 此外,网络的匿名性为实施欺凌行为构建了一个更安全的环境,科瓦尔斯基和里姆博就认为,由于网络赋予了人们虚假的身份,拓宽了可接受行为的边界,网络环境对欺凌者来说更有吸引力。[3]

---

[1]　Ybarra M, Mitchell, K. Youth engaging in online harassment：Associations with caregiver-child relationships, Internet use, and personal characteristics[J]. Journal of Adolescence, 2004(27)：319-336

[2]　Mesch G S. Parental mediation, online activities, and cyberbullying[J]. Cyberpsychology & Behavior the Impact of the Internet Multimedia & Virtual Reality on Behavior & Society, 2009, 12(4)：387-393.

[3]　Kowalski R M, Limber S P. Electronic bullying among middle school students[J]. Journal of Adolescent Health, 2007, 41(6)：S22-S30.

最后,电子传播的一些技术特性,比如非面对面的交流方式,使聊天和文字信息容易被误解。此外,电子传播的速度和广度使得欺凌行为发出后无法被及时阻断,从而导致更多的人参与到欺凌过程中,扩大了欺凌范围。

(2)个体层面

欺凌是一种动态的群体行为,其发生过程涉及多个主体,主要可分为欺凌者、受害者和欺凌—受害者。欺凌者是实施攻击行为的人,他们通常比同龄人强壮,比较受欢迎,拥有积极的自我感知;受害者是欺凌者欺凌的对象,他们往往不如同龄人强壮,自我评价较低。欺凌—受害者是遭受欺凌后,产生攻击倾向的受害者,在面对欺凌时,他们的情绪具有挑衅性。在对网络欺凌的研究中,这三类群体的分类发生了一定变化:受制于网络技术,受害者常常无法获知欺凌者的身份,反抗性被弱化,因此欺凌—受害者群体不再成为研究重点。此外,欺凌者和受害者的群体特征、行为产生因素也发生了改变,以下将从这两个方面对网络欺凌的成因进行总结和探讨。

①欺凌者

现有研究表明,网络欺凌中的欺凌者和传统欺凌中的欺凌者在精神个性上存在很强的关联,但仍有一定的独特性。哈曼等研究者调查了攻击性和自我评价等几个与网络欺凌相关的因素,发现不能在网络上很好地表达自己的青少年,一般缺乏社交技巧,自我评价较低,并且在社交方面表现出较高水平的焦虑性和攻击性。他们认为,在不确定的自我评价和欺凌之间存在着很强的关联,当这种不现实的自我认识和网络技术结合后,网络上相互影响以及隐藏身份的能力会使他们的自我意识进一步弱化,导致他们在线上表现出攻击性和冲击性,从而产生网络欺凌。[①]
关于这一问题,有其他研究者提出不同意见,他们认为欺凌者通常是更
加强大的人,自我评价较高,有积极的交往态度,这在结构层面的研究中
能够得到进一步解释。

②受害者

关于网络欺凌的成因,研究者进行了大量实证研究,主要从性别、年
龄、性格特征等维度切入。由于样本选取、定义多样化、实验操作等原
因,研究结果存在一定差别。

在现有研究成果中,网络欺凌受害者的性别差异还不甚明晰,一些
研究者在调查中发现,女生比男生更有可能遭遇网络欺凌,而另一些研
究者则在调查中得出相反的结论。陈启玉等研究者进行的性别差异分
析结果表明,不管是作为网络欺凌的发起者还是受害者,男生的风险都
显著高于女生。[②]　就年龄因素对于网络欺凌受害者的影响,研究者也未
达成一致意见,露丝·费斯特和托尔斯滕·夸特在一项基于校园人际网
络的探究性调查实验中发现,网络欺凌和年龄之间并没有明确的联
系[③],这与帕钦(Patchin)和辛杜佳(Hinduja)等研究者得出的结论一致。
而其他研究者认为网络欺凌和年龄之间存在某种联系,例如,斯隆杰和
史密斯从对360名瑞典青少年进行的研究中发现,12—15岁的青少年

---

①　Harman J P, Hansen C E, Cochran M E, Lindsey C R. Liar, liar: Internet faking but not
frequency of use affects social skills, self-esteem, social anxiety, and aggression[J]. Cyberpsychol-
ogy & Behavior, 2005(8):1-6.

②　陈启玉,唐汉瑛,张露,周宗奎.青少年社交网站使用中的网络欺负现状及风险因素——基
于1103名7～11年级学生的调查研究[J].中国特殊教育,2016(3):92.

③　Festl R, Quandt T. Social relations and cyberbullying: The influence of individual and
structural attributes on victimization and perpetration via the internet[J]. Human Communication
Research, 2013, 39(1): 101-126.

比年长的青少年受到网络欺凌的比例更高①；但是，阿尔特米斯·齐西卡等研究者发现，高龄青少年比低龄青少年受到的网络欺凌更为频繁（分别为 24.2％和 19.7％）②。

在早期关于网络欺凌的研究中，研究者主要关注受害者的心理特征并对其性格行为进行分析，提出了一些受害者遭受网络欺凌的个体原因，诸如自卑、社交能力较差、不合群、缺乏同龄人支持、在校成绩不佳等，或者一些群体方面的原因，例如性少数群体、智力缺陷群体等。在最近的研究中，越来越多的研究者将这一问题的切入点转移到社会结构层面。

(3)结构层面

网络欺凌不仅是个体问题，它与社会环境和社会结构也密切相关。在青少年成长的各个人生阶段中，社会环境都有着巨大的影响，尤其是大部分青少年在网络空间中保持了和现实生活一样的社交关系，因此社会结构特征与青少年的网络欺凌行为也密不可分。费斯特和夸特较早从社会结构层面对网络欺凌进行考察，发现人际网络关系中的位置是分析网络欺凌强有力的工具。③ 学者魏马拉（Vimala，2017）通过其设计的 SculPT 模型（sociocultural-psychology-technology factors，SculPT model）分析预测了网络欺凌行为背后的动机意图，揭示了社会文化、心理和

① Slonje R, Smith P K. Cyberbullying：Another main type of bullying? ［J］ Scandinavian Journal of Psychology, 2008, 49(2)：147-154.

② Tsitsika A, Janikian M, Jcik S, Makaruk K, Tzavela E, Tzavara C, et al. Cyberbullying victimization prevalence and associations with internalizing and externalizing problems among adolescents in six european countries[J]. Computers in Human Behavior, 2015, 51(PA)：1-7.

③ Festl R, Quandt T. Social relations and cyberbullying：The influence of individual and structural attributes on victimization and perpetration via the Internet[J]. Human Communication Research, 2013, 39(1)：101-126.

技术等因素对网络欺凌形成的综合影响，其中以社会文化因素影响为最。[①]

　　青少年的生理、心理发展阶段和"圈子文化"息息相关，他们需要通过社会交往建立同伴关系及群体认同。在网络空间中，他们更多地使用社交网站、视频分享服务、博客、微博以及微信等媒介，让自己更好地融入有意义的网络社群之中，这种网络社群与早期的社群相比，不是因兴趣、话题而聚合，而是更注重和自己的朋友、朋友的朋友进行沟通。[②] 有研究显示了社交网络中心化和欺凌行为的正相关性。尼尔认为，这种相关性是曲线相关的，处在班级或学校的社会网络中心，一定程度上增加了青少年进行网络欺凌的可能性。[③] 此外，还有一些研究着眼于学校班级层级的社会属性分析。萨尔米瓦利、哈图宁和拉格斯佩茨发现，网络欺凌发生在特定的学生结构中：班级中小集团越多，网络欺凌的案例就越多。欺凌者通常为了在群体内达到某种社会效果，比如强化自己的群体地位或者吸引更多支持者，而与其他欺凌者建立关系，在这些关系网络中的其他学生也较为支持欺凌行为，置身这种氛围中的青少年也更容易产生欺凌行为。[④]

　　对青少年而言，家庭和学校一样，是其主要的活动空间，对其社会化行为起到重要作用。方伟指出，在家庭中，家庭关系是否平等和民主，父母与他人交往时是否存在欺凌行为，以及受到欺凌时的处理方式，也时

　　① Vimala B. Unraveling the underlying factors SCulPT-ing cyberbullying behaviours among Malaysian young adults[J]. Computers in Human Behavior，2017(75)：194-205.

　　② 黄佩，王琳.媒介与青少年发展视野下的网络欺凌[J].中国青年社会科学，2015(4)：54.

　　③ Neal J W. Network ties and mean lies：A relational approach to relational aggression[J]. Journal of Community Psychology，2009(37)：737-753.

　　④ Salmivalli C，Huttunen A，Lagerspetz K M J. Peer networks and bullying in schools[J]. Scandinavian Journal of Psychology，1997(38)：305-312.

刻影响着青少年对网络欺凌的建构。① 家庭环境中的消极沟通模式是导致青少年遭受网络欺凌的一个潜在风险因素。与未遭受网络欺凌的受害者群体相比,遭受网络欺凌的受害者的孤独感更强烈,与父母之间的沟通问题更多。

5. 网络欺凌治理的国际经验研究

网络欺凌治理的主要方式和实践逻辑是什么?如何打造网上文化交流共享平台以促进交流互鉴?如何保障网络安全以促进有序发展?如何构建互联网治理体系以促进公平正义?全球性问题考验着既有全球治理体系是否合理与有效。毋庸置疑,网络欺凌治理需要积极汲取人类文明的优秀成果,探寻治理方案与各个国家和地区的历史传统、文化观念、传媒制度的契合点,弘扬共商共建共享的全球治理理念;需要从人类发展方式转变、国家治理模式改革、全球治理机制体制创新等方面寻找解决方案,并结合制度体系、网络架构、媒介体制和权力逻辑阐明网络欺凌治理的科学机理。

为此,一些学者深入考察了西方主要发达国家网络欺凌治理的举措,从立法保护到政策援助,从技术支持到学校教育,彰显了其可资借鉴的特色和意义。(1)立法干预。美国先后制定《儿童互联网保护法》(The Children's Internet Protection Act,CIPA)、《梅根·梅尔网络欺凌预防法》,《美国联邦法典》还修订并增加了"网络欺凌"条款。② (2)信息服务。英国内政部设立儿童网络保护特别工作组,专门为在网上保护儿童安全出谋划策;教育和技能培训部设立专门网站,向家长提供最新的网络安全信息。③ (3)人性教育。"善良教育"是德国儿童接受人生启蒙

---

① 方伟.社会建构理论框架下的青少年网络欺凌[J].中国青年社会科学,2015(4):63.

② 吴薇.美国应对青少年网络欺凌的策略[J].福建教育,2014(1):21.

③ 屈雅山.英国应对学生网络欺凌的策略及启示[J].教学与管理,2020(31):80.

的第一课,并成为德国教育体系的有机组成部分。① (4)政策规制。日本文部科学省开展网络欺凌实况调查,设立"建立保护孩子体制的有识者会议",制定应对政策。② (5)预防为先。澳大利亚政府在开发大量反网络欺凌应用软件的同时,还开设有关如何安全使用互联网的网络课程"网络语言"(CyberQuol)。③

6. 网络欺凌治理的中国实践研究

政府如何推进网络环境下的法治思维和"底线"思维,实现"刚性治理"与"柔性治理"的无缝对接? 如何充分掌握网络空间治理的主导权和话语权,强化宣传教育,引导治理舆论,完善预防和治理体系,提升治理威慑力? 解决之道有赖于体系化的智慧治理。

基于我国国情,网络欺凌治理必须贯彻"积极利用、科学发展、依法管理、确保安全"的基本方针,坚持推动发展、加强管理"两手抓"。一是坚持"刚柔并济"原则。一方面,坚持法治思维、"底线"思维,实行网络实名制,完善网络立法,实现新媒体法治的常态化和精细化④;另一方面,把"运动式"治理与常规化治理相结合,通过"柔性治理"方式对互联网舆论进行引导,规范互联网行为⑤。二是开展网络与道德文化建设⑥。有学者认为,在媒介与青少年生活世界双向互动的背景下,加强青少年的媒介素养教育是预防网络欺凌行为的有效之策⑦,开展"中国好网民"评

---

① 董金秋,邓希泉.发达国家应对青少年网络欺凌的对策及其借鉴[J].中国青年研究,2010(12):22.

② 师艳荣.日本中小学网络欺凌问题分析[J].青少年犯罪研究,2010(2):43.

③ 杜海清.澳大利亚、欧美国家应对网络欺凌的策略及启示[J].外国中小学教育,2013(3):16.

④ 唐绪军.中国新媒体发展报告(2015)[M].北京:社会科学文献出版社,2015:17.

⑤ 张志安,吴涛.国家治理视角下的互联网治理[J].新疆师范大学学报(哲学社会科学版),2015(5):76.

⑥ 杜骏飞.网络社会管理的困境与突破——"艳照门"解析[J].传媒,2008(4):22.

⑦ 黄佩,王琳.媒介与青少年发展视野下的网络欺凌[J].中国青年社会科学,2015(4):51、55.

选、"清朗网络·青年力量"倡议——青年网络文明志愿行动、"净网2014"专项行动等活动,有助于培养青少年的"数字公民"意识[①]。三是加大互联网共同责任治理。共同责任治理的方式需要更加强化"政府的服务引导功能、行业的自律功能和社会第三团体的监督功能"[②]。

(二)评述与展望

尽管现有网络欺凌研究及相关治理政策均已取得相当大的进展,但它依然滞后于网络欺凌现象的蔓延速度。网络欺凌研究不仅关涉媒介素养教育、心理健康,也延及媒介管理、文化传播等领域,其研究选题十分丰富。遗憾的是,一是研究成果多分布于教育学和心理学领域,而传播学视角的研究甚少,这情形无论是从研究人员的学科背景、职业背景或是从论文发表刊物的性质方面都可得到印证。整体看,传播学的理论资源能拓宽网络欺凌研究破题求解的路径,例如,借助日常生活理论有助于深刻揭示被大众传播媒介符号裹挟的青少年如何被网络技术所钳制,进而导致人的异化的困境;涵化理论对网络如何影响人们的思想观念、行为习惯更为细微,透过这一视角可以进一步解析赛博空间如何塑造青少年认知发展的过程,从而帮助他们形成正确的网络观;媒介素养教育理论启示人们所有的媒介产品都宣示着一定的价值观念和生活方式;媒介生态学说体现了媒介与人的行为之间的双向互动和建构关系,其"整体优化原则"意在促进人与媒介、媒介与媒介、媒介与社会、媒介与环境的和谐共生。

二是研究方法多集中于定量研究和横向研究,即孤立地从欺凌行为

---

① Kessels Chneider S, O'Donnell L, Smith E. Trends in cyberbullying and school bullying victimization in a regional census of high school students,2006—2012[J]. Journal of School Health, 2015(9): 611-620.

② 钟瑛,张恒山.论互联网的共同责任治理[J].华中科技大学学报(哲学社会科学版),2014(6):28.

发生的具体背景中进行抽象，少有通过定性研究方法（如参与性调查和深度采访）尝试提供关于这种现象的深层信息阐释。①

三是研究主题多为网络欺凌的发生率、影响及其原因探讨等，而对预防和解决网络欺凌难题的办法探讨关注不够。

四是研究方式尚停留于个体层面的解释，虽然已经证明性格变量和个人心理条件是相关的，但仅从个体层面解释这一现状，在某种程度上还是比较原始。网络欺凌不仅是个体问题，它还包含内嵌于更大的社会结构和环境中的加害与被害双方，网络欺凌明显与社会结构有关。②

通过系统梳理，笔者发现未来的相关研究可从以下几方面予以深化。

一是网络欺凌的具体途径和机制研究。运用人际网络可视化分析这一新的研究范式，探究网络欺凌的内在形成机理，从个体所嵌入的社会结构中去揭示彼此之间的相互关联及其特征、规律，以避免艾伦·巴顿所谓的经验性的社会研究被抽样调查所主导的弊端——忽视人们之间的互动和对彼此的影响。

二是网络欺凌的时间模型研究。③ 例如，探讨不同年龄、性别的未成年人网络使用时间有何差异特征，哪种网络行为有可能增加网络欺凌的风险，网络的危险使用和高频率使用对网络欺凌和网络受害会产生哪些影响等。

---

① Vandebosch H，Cleemput K V. Cyberbullying among youngsters：Profiles of bullies and victims[J]. New Media & Society，2009(11)：1349-1371.

② Festl R，Quandt T. Social relations and cyberbullying：The influence of individual and structural attributes on victimization and perpetration via the Internet[J]. Human Communication Research，2013(39)：101-126.

③ Festl R，Quandt T. Social relations and cyberbullying：The influence of individual and structural attributes on victimization and perpetration via the Internet[J]. Human Communication Research，2013，39(1)：101-126.

三是网络欺凌的行为动机研究。[①] 思考网络欺凌背后的结构性因素有哪些,确定网络欺凌受害是否会推动青少年的内化、外化和学习问题,它们是否与文化相关等。

四是更大范围内的网络欺凌经验考察研究。[②] 回答西方发达国家网络欺凌治理的独特经验有哪些,不同国家治理经验之间的通约性在哪里,媒介素养教育的实施理念是什么,媒介素养教育的标准有何变化,藉此探索有中国特色的网络欺凌治理的方针、原则、形式、路径和方法,阐述中国实践方案的构成要素,为政府相关管理部门提供加快网络空间健康有序规范发展、承担网络监管新使命和新责任的政策意见与建议。

就转化研究视角、丰实研究成果的角度来说,立足于传播学视域的网络欺凌治理研究迫在眉睫。

三、基本内容

(一)研究对象

何谓网络欺凌? 网络欺凌与传统欺凌有何区别? 网络欺凌的内在形成机理是什么? 网络欺凌治理的效度与限度是什么? 为何有效? 又存在何种局限? 如何实现网络欺凌的"柔性治理"与"刚性治理"的无缝对接? 二者的耦合机制是什么? 如何充分发挥网络空间"共同责任治理"的功能,构筑更加有效的预防和治理体系? 等等,均是本书需要研究和回答的问题。

---

① Erdur-Baker Ö. Cyberbullying and its correlation to traditional bullying, gender and frequent and risky usage of Internet-mediated communication tools[J]. New Media & Society,2010 (12): 109-125.

② Mesch G S. Parental mediation, online activities, and cyberbullying[J]. Cyber Psychology & Behavior, 2009,12(4): 387-397.

（二）总体框架

本书的总体框架依循下述简略"路线图"展开：网络欺凌治理的必要性与复杂性研究→治理的方针、原则、形式、路径、方法研究→治理的国际经验范式研究→治理的中国实践特色研究。具体内容包括以下内容。

1. 网络欺凌的界定、方式及类型研究

一是如何界定网络欺凌的内涵与外延？网络欺凌者的轮廓是怎样的？他们有无特定的社会统计学表征？他们有很多朋友、很受欢迎吗？他们与传统欺凌中的受害者、肇事者、旁观者有何不同？与网络欺凌中的受害者和旁观者又有何不同？他们的网络、手机使用量与其他年轻人有不同之处吗？网络欺凌与传统欺凌是否存在确定的相关性？性别在传统欺凌和网络欺凌之间如何发生作用？二是网络欺凌的表现方式和类型究竟包括哪些？个体层面的因素如何有助于不同的网络欺凌类型的解释？一个人的社会地位如何有助于解释不同的网络欺凌类型？

2. 网络欺凌的内在形成机理研究

一是网络欺凌治理缘何兴起？网络欺凌治理兴起的制度环境和社会政治心理是什么？如何进行制度环境、政策导向与民众社会动机心理分析？二是结构层面的因素（个体、小团体和班级层面的变量）如何影响网络欺凌的发生率？三是梳理近年来网络欺凌治理的典型案例，进行网络欺凌治理的案例类型学、演变过程、影响变量分析。四是网络欺凌治理的主要方式、形成逻辑过程与模式是什么？结合制度体系、网络架构、媒介体制和权力逻辑阐明网络欺凌治理的形成内在机理。

3. 网络欺凌治理的效度与限度研究

（1）网络欺凌治理的效度研究。分析网络欺凌治理在何种程度和意义上是有效的，为何有效。（2）网络欺凌治理存在的问题与局限性。分析网络欺凌治理在教育、心理、传播、管理、法制等层面各存在什么问题，局限性是什么，为何存在这种局限性。（3）网络欺凌治理的总体性框架与总体性评价，"柔性治理"与"刚性治理"的优势、劣势比较分析。

4. 网络欺凌治理的国际经验研究

全球性问题考验现有全球治理体制是否合理有效。网络欺凌治理需要从人类生存（发展）方式转变、国家治理模式改革、全球治理体制机制创新等方面寻找解决方案。如何打造网上文化交流共享平台、促进交流互鉴？如何保障网络安全、促进有序发展？如何构建互联网治理体系，促进公平正义？以上问题的有效解决有待积极发掘人类文明优秀成果及治理理念同各个国家、地区的历史传统、文化观念、传媒制度的契合点，弘扬共商共建共享的全球治理理念。

5. 网络欺凌"柔性治理"与"刚性治理"对接研究

一是分析网络欺凌治理的规范与标准，如网络空间治理的合法性、网络欺凌治理的举报立法等，加强和完善网络欺凌治理的平台建设；二是网络欺凌的"柔性治理"与"刚性治理"如何对接？二者的关系怎样？对二者对接的必要性及耦合机制进行分析；三是不同行政主管部门搜集与处理网络欺凌信息的权力和责任的边界如何划分？强化网络欺凌治理问责，提高网络欺凌治理的回应性和执行力；四是如何推进网络环境下的法治思维和"底线"思维，实现"刚性治理"与"柔性治理"的无缝对接？政府如何充分掌握网络空间治理的主导权和话语权，强化宣传教育，引导治理舆论，完善预防和治理体系，提升治理威慑力？

（三）重点与难点

重点之一：形成机理探讨。运用人际网络可视化分析这一新的研究范式探究网络欺凌的形成机理，从个体所嵌入的社会结构中揭示彼此之间的相互关联及其特征、规律，以避免艾伦·巴顿所谓的经验性的社会研究被抽样调查所主导的弊端——即忽视人们之间的互动和对彼此的影响。

重点之二：国际经验比较。借鉴世界主要发达国家网络欺凌治理的成功经验，丰富网络空间"共同治理"概念的内涵与外延。回答主要发达国家网络欺凌治理的独特经验有哪些？不同国家治理经验之间的通约性在哪里？媒介素养教育的实施理念是什么？媒介素养教育标准有何变化？

重点之三：中国实践研究。探索有中国特色的网络欺凌治理的方针、原则、形式、路径和方法，分析中国范本的构成要素，为政府相关管理部门（如国家网信办、教育部、文化和旅游部、国家社科规划办等）提供加快网络空间健康有序规范发展、承担网络监管新使命、新责任的政策意见和建议。

难点之一：网络欺凌的心理动机研究。网络欺凌背后的结构性因素有哪些？确定网络欺凌受害是否会导致青少年的内化、外化和学习问题？它们是否与文化相关？

难点之二：网络欺凌的时间模型研究。不同年龄、性别的未成年人网络使用时间有何差异特征？哪种网络行为有可能增加网络欺凌的风险？网络的危险使用和高频率使用对网络欺凌和网络受害会产生哪些影响？

（四）主要目标

1. 构建一个网络欺凌治理的分析框架

据此框架可以更好地揭示网络欺凌治理兴起的背景、影响网络欺凌治理的效度和限度的各种要素，网络欺凌治理在何种意义上有效？为何有效？在何种意义上无效？为什么无效？深化和拓展网络欺凌治理的学术研究。

2. 提出网络欺凌"柔性治理"与"刚性治理"如何无缝对接的对策

分析网络欺凌"柔性治理"手段与"刚性治理"手段各自的优势、劣势;"刚性治理"如何适应网络时代的挑战,进行必要的创新?如何实现二者无缝对接、互补、互促互进?为构筑一套有效的预防和治理体系提供政策参考。

四、展开思路

日常生活理论深刻揭示了被大众传播媒介符号裹挟的青少年如何被网络技术所钳制,进而导致人的异化的困境。涵化理论对网络如何影响人们的思想观念、行为习惯更为细微,透过这一视角可以进一步解析赛博空间如何塑造青少年认知发展的过程,从而帮助他们形成正确的网络观。媒介素养教育事关大多数人的权利得失和社会民主结构的稳定与兴衰,提醒人们不应忘记所有的媒介产品都宣示着一定的价值观念和生活方式。媒介生态学说体现了媒介与人的行为之间的双向互动和建构关系,其"整体优化原则"意在促进人与媒介、媒介与媒介、媒介与社会、媒介与环境的和谐共生。诸如此类的传播学理论为网络欺凌研究提供了多样化的研究视角和理论支撑。

故此,本书尝试把网络欺凌从教育学/心理学的研究维度移至传播学的语境,进行跨学科的通观整合。在对网络欺凌形成的内在机理进行社会统计学意义的分析阐述基础上,比较世界主要发达国家网络欺凌治理成功经验的异同,探索中国治理模式的构成要素和本质特征。研究过程中力求实现理论命题与价值取向的耦合、国际视野与本土问题的对接。

五、研究方法

（一）问卷调查法

以学校为基础,采取匿名和自愿形式的纸质问卷调查,了解不同地域的各类学校中网络欺凌实施的几率、方式、动机、范围、特征、类型、影响、态势以及介入机制等。问卷不仅仅由关于网络欺凌的问题构成,也包含青少年在传统欺凌方面的经历,以及他们对信息传播技术的使用情况,旨在理解网络欺凌在他们生活中处于何种地位。

（二）数据分析、结构分析和人际网络可视化分析法

根据网络的特点,使用数据分析、结构分析和人际网络可视化分析等层次分析方法,从微观层次(个人)到中观结构(如朋友圈或者班级)再到更大的社会网络(如学校)做整体的框架性分析,目的是甄别网络欺凌背后的个人因素和结构因素,进而在一个更大、更有双向交流和社会化的语境下来解释这种现象。

（三）案例分析法

通过国际和国内典型案例(如德国的普及人性教育、日本的注重科技防控、中国上海的《预防中小学生网络欺凌指南 30 条》、腾讯的未成年人网络权益保护项目等)等的定性分析,阐述家庭、学校、政府、社会、媒体乃至法律等与介入对象之间的互动关系,揭示利益攸关方介入网络欺凌治理的机制、路径、方法及其特点与规律,丰富网络空间治理的理论与实践。

六、学术价值和应用价值

（一）学术价值

本书采用日常生活理论、自我同一性与角色混乱理论、群体极化理论、媒介素养教育、管理学等多学科理论进行交叉综合研究，将网络技术构架、传媒规制、教育观念、心理结构纳入分析框架，有助于对网络欺凌这一多层次的复杂问题进行"断层扫描""全息成像"，系统揭示其内在的形成机理，深化和拓展网络欺凌研究，避免任何单兵突进式的学科研究可能导致的盲人摸象的局限。

（二）应用价值

全球范围内的网络欺凌研究方兴未艾。立足于传播学的角度建立相应的研究课题和预防计划，不仅有助于满足未来预防和应对网络欺凌的需要，为互联网背景下青少年的健康成长提供参考借鉴，而且有助于推动全球网络治理的跨文化传播与交流，促进国家治理体系和治理能力的现代化，彰显中国对人类网络命运共同体的独特贡献。

与既往的研究成果相比，本书的研究主要有以下三个方面的特色与创新。

1. 学术思想特色

本书的研究建立在受害者日常活动理论之上。这种基本假设是以生活方式接触理论为基础，认为正是不同的生活方式（包括日常工作和休闲活动）导致他们受到不同程度的网络欺凌。日常生活理论中的"监护"，就是人为地采取措施进行监管以降低欺凌风险。

2. 学术观点创新

笔者观点如下：（1）青少年是现代信息传播技术的代理人和日常消

费者。网络空间是青少年活动的新场所。他们将使用网络作为日常生活的一部分,不同的上网行为将他们置于不同的欺凌风险之中。(2)网络欺凌不仅仅是个人单纯的网络安全问题,它还是一个虚拟社会/媒介社会的关系问题。网络欺凌内嵌大的社会结构和文化环境中的加害与被害双方,因而绝非单一的个体问题。网络欺凌的蔓延不仅背离了网络传播开放共享的本质特征,导致青少年道德水平的下降甚至人格的异化,而且还严重破坏了网络安全、文明秩序和社会稳定。

3. 研究方法创新

本书注重参与性调查和深度采访研究,尝试提供关于网络欺凌现象的深层信息阐释;注重人际网络可视化研究,对整个社会结构作框架性的分析,突破有限的个体层面解释;注重国际经验的比较研究,还原不同国家关于网络治理的政治制度、文化传统、媒介规制、教育理念的本初状貌。

第一章　网络欺凌的界定及其核心议题

互联网和数字技术以匪夷所思的方式改变了人们的生活,为人们提供了不同于以往的人际交往方式。不同形式的线上社交活动,使得人际关系冲突也因此有了新的表现形式。网络欺凌即是因数字技术和社交网络的普及而产生的一种全球性现象。

网络欺凌是校园欺凌的"升级版",是侵犯青少年合法权益的新形式。对这一新兴概念进行界定,一直是相关专家学者研究工作的重点,也是争议较多的焦点,迄今尚未形成统一的定义。一方面是因为网络欺凌问题本身具有一定的复杂性,另一方面是由于成人与未成年人对技术影响具有认知差异,网络欺凌的实施者与受害者亦具有主观感受的差异性。网络欺凌虽然不及传统欺凌那么普遍,但是它所产生的危害和影响却十分广泛持久,国内外学者常常称之为"沉默的噩梦",需要引起全社会的高度关注和警惕。

一、网络欺凌的概念界定

(一)何为"网络欺凌"?

什么是网络欺凌?厘清这种概念性问题非常重要,这不仅仅是出于学术研究的需要,更因为在庞大、分散的社会中,要从人们的大量日常行为中准确地识别出网络欺凌行为非常困难。对于网络欺凌概念的界定虽然言人人殊,迄今尚未达成共识,但是众多学者从不同研究视角和侧重点出发进行的探索,为我们廓清它的本来面目提供了有益的认识框架。

瑞典学者奥尔维斯·丹认为,欺凌行为的界定应当涉及四个条件:故意伤害的意图、反复实施的恶意行为、欺凌者和受害者之间的力量不均衡、受害者因欺凌而生理或心理受损。[①]

加拿大学者贝尔西(Belsey)、美国学者辛杜佳(Hinduja)和帕钦(Patchin)、英国学者史密斯(Smith)和澳大利亚学者克洛斯(Cross)对网络欺凌的概念,都曾分别进行过独到的阐释。

目前学界常被引用的主要有以下几种定义[②]。

第一种定义见之于美国"反对网络欺凌网站",其表述是:"网络欺凌是指个人或群体使用信息传播技术,如电子邮件、手机、即时短信、个人网站和网上个人投票网站,有意、重复地实施旨在伤害他人的恶意行为。"[③]这一定义指出了网络欺凌包含的三个要素,即借助媒介、反复性、恶意行为。西杰塞马发现,欺凌者欺负他人的行为往往是为了追求某种社会目标,利用欺凌以提高其在同龄人中的地位。[④]

第二种定义由帕钦和辛杜佳提出。依他们之见,"网络欺凌是发生在互联网、手机和其他电子设备上的,通过公开或隐蔽的方式发送有害

---

① Olweus D. A profile of bullying at school [J]. Educational leadership, 2003, 60(6):12-17.

② 王凌羽."网络欺凌"治理的国际经验初探[D].杭州:浙江工业大学,2017:32-33.

③ 参见美国"反对网络欺凌"网站:www.cyberbullying.ca.

④ Mesch G S. Parental mediation, online activities, and cyberbullying [J]. Cyberpsychology & Behavior the Impact of the Internet Multimedia & Virtual Reallty on Behavior & Society, 2009, 12(4):387-393.

的电子邮件、图片、音频和电话等来伤害他人的行为"①。这一定义关注到了网络欺凌的方式,认为网络欺凌与传统欺凌相比,具备了一定的隐秘性。

第三种定义是宋昭勋的观点。他认为,"网络欺凌指一个儿童或青少年不断通过互联网和手机等网络传播技术以文字、图片等形式折磨、威胁、伤害、骚扰、羞辱另一儿童或青少年之行为"②。这一定义将网络欺凌的双方都明确限定为儿童或青少年。

第四种定义是德永的看法。他认为,"网络欺凌是指个体或群体通过电子媒介或数字媒介反复发布具有敌对性或攻击性信息的行为,这些信息以使他人受到伤害或感到不舒服为目的"③。这一定义强调了欺凌者的主观故意性,将无意识中造成的欺凌排除在外。德永的这一定义被认为是涵括了大多数研究者对网络欺凌的定义要素。具体来说,网络欺凌需要借助网络媒介,这是与传统欺凌相比的不同之处。此外,网络欺凌是一种欺凌形式,它包含了传统欺凌的部分要素,如故意性、敌对性、反复性、长期性等,这些标准有助于区分网络欺凌与网络越轨以及网络争论。因此,网络欺凌的定义应该关注到由互联网技术带来的双方权力的不平衡性,然而这一点尚未引起足够重视。

第五种是美国《梅根·梅尔网络欺凌预防法》的定义,"任何人在跨州或跨国交往中,出于强迫、恐吓、骚扰他人或对他人造成实质情绪困扰的目的而使用电子手段传播的严重、重复的恶意行为"。与传统欺凌不

① Patchin J W, Hinduja S. Bullies move beyond the schoolyard: A preliminary look at cyber-bullying [J]. Youth Violence Juvenile Justice, 2006(4): 148-169.
② 宋昭勋. 厘清"网络欺凌"的真正涵义[EB/OL]. [2019-06-15]. http:// www. rthk. org. hk/ mediadigest/20090615_76_122284. html.
③ Tokunaga R S. Following you home from school: A critical review and synthesis of research on cyberbullying victimization[J]. Computers in Human Behavior, 2010, 26(3): 277-287.

同的是,网络欺凌可以调动与事件无关的很多人来扩散这些信息,从而造成更大的危害(Hearman & Walrave,2012)。①

第六种定义来自《中华人民共和国网络安全法》第七十六条第一款,"网络欺凌是新形式的欺凌,指个人或群体利用信息传播技术,如电子邮件、即时通信软件和网络投票网站等,发送或传播旨在伤害他人的信息的恶意行为"。这一概念突出强调了欺凌的形式与手段与以往有所不同。针对这一新的欺凌形式,《中华人民共和国未成年人保护法》(2020年修订)规定,"任何组织或者个人不得通过网络以文字、图片、音视频等形式对未成年人实施侮辱、诽谤、威胁或者恶意损害形象等网络欺凌行为"。

综上所述,网络欺凌通常被定义为通过互联网和数字媒体发生的欺凌,其目的是损害受害人的名誉,引起受害人的负面情绪,破坏受害人的社会关系,以此获得心理上的愉悦和满足。它是一种现代形式的欺侮行为,经常发生在学生中间。研究表明,网络欺凌在12—15岁的青少年人群中达到高峰。

(二)如何甄别网络欺凌与传统欺凌?

最新研究成果表明,"网络欺凌是传统欺凌在互联网环境下的延伸与变异,依托于网络的实时、匿名、社交属性,呈现跨时空、跨媒体、跨圈层不断泛滥的趋势,更表现出迥异于传统欺凌行为(校园欺凌、社区欺凌、职场欺凌等)的新特征,传统欺凌研究中的权力三角'欺凌者、旁观者、被欺凌者'也在网络欺凌中呈现出更为混乱的组合关系"。② 网络欺

---

① Heirman W, & Wabrave, M. Predicting adolescent prepetration in cyber-bulling: An application of the theory of planned behavior [J]. Psicotherma, 2012, 24: 614-620.

② 吴炜华,姜俁.网络欺凌中的群体动力与身份异化[J].南京邮电大学学报(社会科学版),2021(1).

凌与传统欺凌既有相似性,也存在显著的差异性(见表 1-1),将关于传统欺凌的研究作为框架,对网络欺凌的性质、具体特点和影响因素等进行分析,有助于进一步厘清网络欺凌的内涵。

表 1-1　网络欺凌的类型

传统欺凌	网络欺凌
直接欺凌: 物理性(例如,打击) 财产(例如,损坏某人的个人所有物) 语言(例如,辱骂某人) 非语言的(例如,作出下流的手势) 社会性(例如,将某人排挤出群体之外)	直接欺凌: 物理性 财产(例如,可以发送带病毒文件) 语言(例如,使用互联网或手机辱骂或威胁他人) 非语言的(例如,发送威胁性的或下流的图片) 社会性(例如,将某人排挤出网络群体之外) 间接欺凌: 发送虚假的委托邮件(例如,通过伪装成他人来进行欺诈)
间接欺凌(例如,散布不实谣言)	通过手机、邮件、聊天工具散布流言蜚语 在诽谤性的投票网站中投票

资料来源:Heidi Vandebosch, Katrien Van Cleemput. Cyberbullying among youngsters: Profiles of bullies and victims [J]. New Media & Society, 2009,11(8):1349-1371.

1. 相似性

网络欺凌是欺凌的一种形式,两者在本质上有一定联系。使受害者感到痛苦的攻击性行为是构成欺凌的重要前提,因此,传统欺凌与网络欺凌在有关故意伤害的构成要件、产生原因和发生方式上有很多共同之处。

首先,在构成要件上,传统欺凌和网络欺凌虽然使用了不同媒介,但仍然涵盖若干没有被网络环境颠覆的共同特征。如,对受害者的伤害是蓄意而为而非无意行为,具有长期性和反复性,欺凌者和受害者之间力量有着不平衡性。

其次,在欺凌方式上,传统欺凌行为包括直接和间接两种方式,直接欺凌是指直接的物理接触或动作攻击,比如推搡、攻击、嘲笑等;间接欺凌是指隐性的攻击行为,比如通过破坏别人的社会关系来骚扰别人、制造绯闻、传播流言、起绰号、把某人排除在团体外等。同样,网络欺凌也包括直接欺凌和间接欺凌两种类别。

最后,传统欺凌和网络欺凌中的欺凌者和受害者有着类似的社会背景和心理特征。如,欺凌者一般攻击性较强或者社交能力更为出众,受害者一般自我评价较低、性格较为软弱等。

2. 差异性

虽然传统欺凌和网络欺凌从本质特征到参与者都有所重叠,研究也表明两者确有显著的相关性,但是由于网络的介入,传统欺凌的一些要素、形式以及影响力都发生了变化。

从网络技术角度而言,网络具有匿名性、无界性和快捷性等特点,这使得网络欺凌界定中的反复性变得无法衡量。譬如发布在网络上的诋毁性言论,虽然传播者只进行了一次发布,但这一言论可以被受害者反复接收到。此外,网络技术还给欺凌行为带来了一系列变化,如发生率更高,可以不受时间空间限制,潜在的欺凌者和受害者数量更多且变得无法确定,欺凌行为传播的速度更快、隐蔽性强,从而使监控难度加大,危害更大等。

从欺凌者角度而言,欺凌者的优势不再体现在身体素质上,而在于使用信息技术和在网络上隐藏自己身份等的能力上。

从受害者角度而言,欺凌不再只源于他们所在的社会群体,电子媒介也使其暴露于遭受陌生人欺凌的危险当中,而且,受害者对网络欺凌行为往往无法积极回应,从而使欺凌者忽略了他们的行为后果。

（三）如何辨析网络欺凌和网络暴力？

必须指出的是，网络欺凌应与网络犯罪和网络暴力区分开来。网络犯罪主要是技术性侵犯行为，表现为通过网络传播病毒、木马等有害信息，实施窃密或诈骗活动；而网络欺凌并非单纯的网络犯罪，它还具有反复性和长期性的特点，不少研究者还将其范围限定于青少年之中，因此，二者虽有重合但不能互相涵盖。但是，网络暴力与网络欺凌在一些新闻报道或调研报告中常被混用，两者有较多相似之处，都属于因网而生且有别于传统暴力（欺凌）的破坏性行为，但网络暴力一般是指在网上发表具有伤害性、侮辱性和煽动性的言论和图片等行为，它不一定以青少年为行为主体，可以是一种快速完成的、暂时的伤害，如一些针对明星的人身攻击、人肉搜索等行为即应纳入网络暴力的范畴。

香港树仁大学教授宋昭勋认为，网络欺凌主要是指未成年人网络欺凌，而成人之间的网络欺凌是网络骚扰。[①] 笔者基本赞同宋昭勋的看法，但认为将成人间的网络欺凌行为称作"网络暴力"可能更为合适。网络欺凌的工具涉及实用快速且易于访问的手机、平板电脑、笔记本电脑、流行的在线平台，包括 Facebook、Line、Instagram、YouTube 和 Twitter 以及电子邮件等。

刘艳在《网络暴力问题的危害、成因及预防》一文中，从形式、性质、作用方式等角度区分了网络暴力的类型。[②] 在形式上，一种方式是以文字语言为形式的网络暴力，在天涯论坛、百度贴吧、微博等平台上对他人进行言语攻击；另一种形式是以图画信息为形式的网络暴力，通过对照片的篡改进行侮辱、诽谤、攻击等。在性质上，一种是非理性人肉搜索，

---

① 宋昭勋. 厘清"网络欺凌"的真正含义[EB/OL]. (2019-06-15)[2022-10-22]. http://www. rthk. org. hk/mediadigest/20090615_76_122284. html.

② 刘艳. 网络暴力问题的危害、成因及预防[J]. 金华：浙江师范大学，2013：16-18.

这侵害了受害者的隐私权;另一种是谣言传播,用虚假的言论伤害了群中间的相互信任感,使真相变得扑朔迷离。在作用方式上,有直接攻击和间接攻击,直接攻击是在言语上直接用侮辱性和攻击性的语言对当事人进行讨伐;间接攻击是通过讽刺等方式跟风发表意见。

(四)网络欺凌的方式与类型

1. 网络欺凌的方式

网络欺凌主要是通过语言文字、图片视频等暴力行为的恶意重复对他人进行欺侮、孤立、诽谤、谩骂、攻击。欺凌者主要通过电子邮件、网络视频、社交网站、在线游戏、即时消息、微博评论等方式对被欺凌者进行攻击和嘲弄。例如,"巴巴乐"(happy slapping)是英国近年来流行的一种疯狂游戏,未成年男女成群结队上街疯狂掌掴和击打路人。2010 年,一些人将掌掴过程拍成视频发到网络社交平台上供人"欣赏",造成受害者身体与精神的双重痛苦,社会影响恶劣。

网络欺凌现象常见于更多使用互联网(Li,2007;Smith et al.,2008;Ybarra,2004),尤其是即时信息程序的年轻人中(Ybarra and Mitchell,2004)。然而,阿里凯克等(Aricak et al.,2008)只发现了网络使用频率与网络欺凌的特定形式之间的正相关性。例如,发送有毒信件,说出面对面交流时难以启齿的话语等,但这对诸如不经同意展示他人照片,将自己介绍成他人或是在网上散布不实言论等其他行为不适用。

江根源通过实证研究发现,"青少年遭受网络暴力最常见的四种形式为'骚扰性的手机短消息或图片''在网络里上传转发丑陋的不道德的图片或者视频''利用 QQ、MSN 或者 Skype 等聊天工具发表攻击性或侮辱性的言论或图片'和'电话骚扰',这些形式的使用率全部超过40%;而网络暴力实施者最常用的三种形式则为'在网络里上传转发丑陋的不道德的图片或者视频''利用 QQ、MSN 或者 Skype 等聊天工具发表攻击性或侮辱性的言论或图片'和'电话骚扰',这些形式的使用率都超过了 40%,两者是一致的"。[①]

2. 网络欺凌的类型

网络欺凌是继身体欺凌、言语欺凌、社交欺凌之后的又一种欺凌类型,它是欺凌者与受害人之间权力失衡的一种反复性故意施害行为。"今天新的社交网络环境意味着人们'应该随时准备好被大特写',因为大特写的时刻可能被观看和反复回顾。"[②]

土耳其学者坦里库鲁(Tanrikulu)和塔斯金(Taskin)基于选择理论框架,针对伊斯坦布尔 4 所高中的 685 名学生调查结论显示,网络欺凌行为可以分为以下 10 种类型:"(1)网络论战(flaming),用愤怒和粗俗等负面情绪的文字信息,试图挑衅或攻击某个人或群体;(2)网络骚扰(harassment),重复发送侮辱性或侮蔑性的信息;(3)诋毁诽谤(denigration);对他人进行诽谤,使其名誉受损或者身陷流言;(4)冒充假扮(impersonation),利用虚假账号模仿他人发送具有侮辱性与伤害性的信息,使受害者在朋友关系或所处的社交环境中陷入尴尬困境;(5)在线揭露(outing),未经允许分享他人的照片和视频,也包括揭露他人的隐私信息,如'人肉搜索';(6)网络欺诈(trickery),通过示好获取其信任,诱导其行为以套取个人信息;(7)在线排斥(exclusion),故意将某个体持续排斥在集体之外阻止其加入;(8)网络跟踪(cyber-stalking),利用电子通信设备对他人进行盯梢,进行强迫性的关系入侵,骚扰他人令他人感到疲

---

① 江根源.青少年网络暴力:一种网络社区与个体生活环境的互动建构行为[J].新闻大学,2012(1):118.

② 李·雷尼,巴里·威尔曼.超越孤独:移动互联时代的生存之道[M].杨伯溆,高崇,等译.北京:中国传媒大学出版社,2015:219.

倦、厌烦；(9)在线凌辱(humiliating)，利用各种信息传播工具记录下侮辱性的状况或者人身攻击的过程并在网络媒体上进行传播，如恶意鬼畜；(10)色情信息(sexting)，向个人或群体发送色情内容。"①

二、网络欺凌的基本特征

网络欺凌是传统欺凌在网络虚拟空间的延展。与现实空间的具身呈现相比，网络空间具有虚拟参与、时空压缩与延伸并存、信息超载、交互及时、网络扁平化等特征。网络空间的这些新特征，导致青少年社会参与也相应地呈现出新的方式和特征。② 较之于传统欺凌，网络欺凌已发生很大的变化，呈现出虚拟社会的特征。

在奥维斯看来，网络欺凌"被以下三个标准所塑造：(1)具有侵犯性的行为或者有意图的'危害性行为'；(2)被'反复和一直'进行着的；(3)处在一个被一种不平衡的力量塑造的人际关系中"。③ 其他的研究者通过增加更多的特点进一步地对此现象进行了描述。在对定义进行回顾之后，格林(Greene,2000)得出了一个被许多研究者认同的结论，即欺凌现在有5个特征：其中3个即上述奥维斯所描述的，另外还有：(4)受害者并没有通过使用口头的或肢体的侵犯性行为去激起欺凌行为；(5)欺凌发生在熟悉的社会群体中。

(一)身份隐匿性

匿名性和流变性是网络空间的突出特征。网络空间是一个"去身份

---

① 吴炜华,姜俣.网络欺凌中的群体动力与身份异化[J].南京邮电大学学报(社会科学版),2021(1):34.

② 黄少华.社会资本对网络政治参与行为的影响——对天津、长沙、西安、兰州四城市居民的调查分析[J].社会学评论,2018(4):29.

③ Olweus D. Bulling at School: What We Know and What We Can Do [M]. Oxford: Blackwell,1993:206.

化"的信息交互和社会交往的场所。专擅网络行为心理学研究的亚当·乔伊森对此确信无疑,他说:"虚拟世界是典型的三维多用户网络游戏(如宫殿),其中的参加者以图形化的方式出现,并与环境及图形化三维环境中的其他用户进行交互。参加者用'化身'——他们的角色图形来表示。"①网络的匿名性使得每个网民都有可能成为欺凌者或被欺凌者。由于查证实施欺凌的人和地点较为复杂困难,在一定程度上影响了对网络欺凌行为的遏制。置身网络空间,欺凌者和受害人的真实姓名和身份被一个个自己命名或系统生成的 ID(identity)所取代,彼此都戴着"ID"这个面罩,穿上了"马甲",有了"替身",进入了相互不认识的匿名状态。这个时候,在现实生活中被压制的"小恶魔"便开始蠢蠢欲动,法律和道德的约束渐渐被抛之脑后,理性和责任逐渐淡去,人的自控力明显下降,变得易冲动、急躁、多变,易受暗示,易轻信他人,摆脱社会规范约束的不理性欺凌行为很可能在网络空间发生。在虚拟的网络空间里,欺凌者可以尽情发泄不愉快或被压抑的情绪,表达在现实中无法表达的、深藏于心的情感。

"隐身"让网络欺凌者获得了"交换生活"的快乐,带来了一定的心理安全感。隐匿真实身份,意味着人们可以暂时摆脱一些现实的限制与顾虑,轻松自由地对事情发表看法,但同时也容易放松对自己的约束。欺凌者在网上肇事后可以瞬间逃之夭夭,杳无踪影,也可招雇"替身"攻讦对手,或变更 ID 神出鬼没,反复欺凌。有时,网络欺凌受害者并不知晓谁在对自己实施欺凌。据国外学者统计,真正知道欺凌者的受害者,其比例大概在 43%～80%(卡西迪等,2011;科瓦尔斯基等,2012;帕钦和

---

① 亚当·乔伊森.网络行为心理学[M].任衍具,魏玲,译.北京:商务印书馆,2010:5.

辛杜佳,2012;史密斯和斯隆杰,2010;耶尔马兹,2011)。[①] 由于网络空间的"虚拟化"和"去身份化",人们在处置网络欺凌事件时很难追究明确的肇事人。

网络环境的匿名性拓宽了可接受行为的边界,产生了一些关于网络欺凌后果的问题。匿名的欺凌可能会引起受害人更高程度的紧张情绪,尤其是当这些受害人不能够将自己的境遇归因于外部,也就是那些施暴者的个人因素的时候。

值得重视的是,欺凌者肇事手段的隐蔽性并非网络欺凌隐匿性的全部表征,受害者对遭受网络欺凌的沉默不语和消极回应也是一种典型表现。例如,相当一部分受害人遭受意外侵害后,不知道及时采证用于投诉或控告,更有受害者第一时间选择了信息删除,这就增加了据实判定欺凌性质或程度的难度。权当"没看见,不理会",是青少年最常见的应对方式,多数受害者不愿向人提及自己的遭遇,也不愿寻求外界的介入和帮助。美国学者施奈德等经过调查后发现,会吐露自己不幸遭遇的受害者的比例仅为三分之一,其中又以女性受害者居多。[②] 其实,受害者的沉默和软弱不仅于事无补,反而会助长欺凌者的嚣张和跋扈。

(二)操作便捷性

网络空间是一个超文本、拼贴式、全媒体的信息与知识构架,浏览和阅读以超链接、跳跃式的非线性方式为主。网络欺凌者只需轻轻动手,敲击几下键盘,就可以随时随地对他人发起攻击。有学者指出,"随着

---

① Sameer Hinduja, Justtin W. Patchin, Cultivating yiouth resilience to prevent bullying and cyberbullying victimization [J]. Child Abuse & Neglect, 2017(73): 51-62. http://doi.org/10.1016/j.chiabu.2017.09.010.

② Schneider S K, Donnell L, Smith E. Trends in cyberbullying and school bullying victimization in a regional census of high school students, 2006—2012 [J]. Journal of School Health, 2015(85): 611-620.

'复制''粘贴''剪切''删减'等网络信息编辑技术的快速发展,任何掌握网络技术的行为主体都可以通过文字、图像、声音、视频等数字化形式实施网络暴力"[①]。

网络传播的便捷性和低成本,使得网络造谣、传谣的犯罪成本很低,只需要一台电脑、一部手机、一个平板电脑,随时随地敲上一段话,配上一张以假乱真的照片或一个移花接木的视频就完成了一次造谣;只需要复制粘贴或点击转发就可以完成一次传谣。正因为这一特点,一些没有事实依据的信息,通过 Email、BBS、QQ、Facebook、Twitter、微信等网络媒介快速传播,形成防不胜防的网络谣言。2018 年,微信平台全年共拦截谣言8.4 万条,辟谣文章阅读量近 11 亿次。2018 年至 2019 年,"今日头条平台月均拦截谣言文章超过 11 万篇,年度总拦截数量超百万篇"[②]。

需要警惕的是,传统欺凌的发生是以面对面接触为前提条件的,只要避免与欺凌者在同一时空进行接触,就没有实施欺凌的现实可能。而网络欺凌由于不受时间和空间的条件限制,网络欺凌的受害者时刻处于"无处逃遁"的状态,欺凌者只要起意,就可以随时随地使用移动通信工具或网络终端发起欺凌。加之网络欺凌并非面对面地实施,欺凌者无法看到欺凌后的结果,体察不到被欺凌者的痛楚,这也使得欺凌者多半不易幡然悔悟,旁观者因事不关己而作壁上观,因此欺凌行为难以停止。

（三）主观故意性

网络欺凌具有明显的主观故意性特征。所谓"故意"是指行为人明知行为可能造成的社会危害而对其放任不予制止。有研究表明,"网络欺凌不可能是无意的,欺凌者一定是存有主观上的侮辱、诽谤或者其他

---

① 姜方炳."网络暴力":概念、根源及其应对——基于风险社会的分析视角[J].浙江学刊,2011(6).

② 胡立彪.治理谣言必须用心[N].中国质量报,2019-05-06(A02).

类似意图而进行的欺凌"①。也就是说,欺凌者的行为动机存有明确指向性的主观恶意。基于此,美国康涅狄格州将欺凌行为界定为"某个或某个团体的学生对其他学生故意取笑、羞辱或恐吓的越界行为,该行为发生在学校区域或学校发起的活动中,并针对同一对象反复进行"②。这一规定里的"故意",意在强调欺凌者具有明确的行为动机并导致受害人产生了直接的身心损伤。

海蒂·班德布希(Heidi Bandebosch)等学者把"主观上对受害者的有意伤害,客观上对受害者的心理产生了持久的伤害"③,作为网络欺凌行为最首要的标志性特征。美国学者帕钦和辛杜佳在《校园网络欺凌行为案例研究》一书中强调:"无论某一个行为是不是有意为之都没有关系,但如果这一行为是伤害性的或者如果实施这一行为的人应该知道此行为对另一个人造成伤害,那么这就是欺凌。"④帕钦和辛杜佳的这一界定,意在强调网络欺凌行为主体的意图所产生的实际后果。

在网络世界里,我们不难发现有的欺凌者故意或掐头去尾或化整为零地将信息碎片化,制作信息不完整且语意含糊的文本,造成误读或误会;或恶意偷梁换柱、移花接木,隐匿、篡改某个关键词句,以达到欺骗的目的;或无中生有,制造仿佛"离事实很近"且"有图有真相"的假象,以诋毁中伤他人。对于"后真相时代"网络世界里的主观恶意行为,加西亚·马尔克斯有过入木三分的深刻揭示:"真真假假的话语,无处不在的引号,有意无意地犯错,恶意操纵,恶意歪曲,让新闻报道成为致命的武器。出

---

① 苗浚麒.我国未成年人遭受网络欺凌后的权利保护路径探究[D].长春:吉林大学,2020:6.
② 冯恺.论美国反欺凌法中学校的义务承担及平衡政策[J].比较教育研究,2018(10):27.
③ 江根源.青少年网络暴力:一种网络社区与个体生活环境的互动建构行为[J].新闻大学,2012(1):117.
④ 贾斯丁·W.帕钦、萨米尔·K.辛杜佳.校园网络欺凌行为案例研究[M].王怡然,译.哈尔滨:黑龙江教育出版社,2017:12.

处来源都'绝对可靠'——来自消息灵通人士,来自不愿透露姓名的高官,来自无所不知、但无人见过的观察家……借此肆意中伤,自己却毫发无损。不公布消息来源的做法成为作者手中最有力的挡箭牌。"①

（四）关系相近性

时下广为关注的"大数据杀熟"现象,在青少年网络欺凌行为中也表现得十分典型。一般情况下,欺凌者选择的网络欺凌对象多半是比较了解且有较多接触或联系的熟人,施害陌生人的则较少。换言之,网络欺凌多发生于"熟人社会"。海蒂·班德布希等学者的研究也证明,网络欺凌大都发生在熟人之间,它与由陌生人挑起的网络争辩、网络戏弄等行为有所区别。"美国的一项调查显示,有超过三分之一的美国青少年在进行实时通话和访问社交网站时,成为被欺凌的对象,而那些欺凌者往往是他们的同学。"②

今天的媒介更加重视交互性功能的实现,因此,"年轻一代习惯了参与式很强的媒介,他们的主观性变得更为尖锐而不是更为恭顺。当然,这里也暗藏了一个危机,即媒介日益加强的参与性特点并不一定意味着更多的民主。媒介所开辟的双向交互式文化虽然使人们更容易参与到媒介的活动中来,但其强大力量却可以操纵人们的行为,民主并不一定因此而更容易发展"③。这一观点从一个侧面提醒人们,有效防范和避免被熟人操纵的网络袭击十分必要。

（五）行为反复性

反复实施常被视作判断网络欺凌行为是否主观故意的重要依据。

---

① 加西亚·马尔克斯.新闻业,世上最好的职业[EB/OL].(2014-04-18)[2022-10-25].https://www.guancha.cn/MaErKeSi/2014_04_18_223223.shtml.

② 石国亮,徐子梁.网络欺凌的界定及其特点分析[J].中国青年研究,2010(12):6.

③ 尼克·史蒂文森.媒介的转型:全球化、道德和伦理[M].顾宜凡,等译.北京:北京大学出版社,2006:222-233.

一般来说,判定是否为网络欺凌,要看受害人是否多次遭到网民的攻击伤害。例如,我们不宜把青少年网友间的某些缺乏分寸感的言行定性为网络欺凌行为。

网络欺凌的肆虐,与网络行为主体的角色行为息息相关,他们既可能是网络欺凌的受害者,同时也可能是网络欺凌的实施者。通常,"欺凌者、受害者和旁观者之间的角色可以互相转换,今天的欺凌者可以是明天的受害者,旁观者也可以转变为欺凌者。同一个人在不同的网络欺凌事件中可能分别担任受害者、欺凌者和旁观者的角色。在土耳其,学者们对 269 名土耳其中学生进行了一次网络欺凌的参与程度和应对策略调查。研究结果表明,35.7%的学生表现为欺凌者,23.8%的学生表现为欺凌—受害者,而 5.9%的学生表现为受害者"[①]。

种种迹象表明,大凡遭受过网络欺凌的受害者很容易萌生强烈的复仇心理,他们不甘心自己平白无故被人欺负,更不愿意被同侪看笑话,被讥为软弱可欺的"胆小鬼"。因此,他们会千方百计地增强自己的网络技术水平,伺机报复。在他们看来,"以同样的方式报复是一种反欺凌方式,同时也是一种保护自己的策略。网络欺凌的循环往复让欺凌者和被欺凌者可能快速转换。有研究证明,实施网络欺凌者成为被欺凌者的风险是其他人的 20 倍"[②]。

（六）力量非均衡性

在网络欺凌行为中,较量的不再是身体力量,取而代之的是技术力量。换句话说,决定网络欺凌行为过程中孰主动、孰被动的关键要素,是对网络空间和网络技术的驾驭能力。时至今日,"对力量的理解不应仅

---

① 林瑶.数字公民教育视角下的青少年网络欺凌治理研究[D].杭州:浙江工业大学,2017:13.

② 黄佩,王琳.媒介与青少年发展视野下的网络欺凌[J].中国青年社会科学,2015(4):54.

限于身体力量,还应当包括电子信息处理技术和话语权等非物理力量。已经有研究者意识到,个体之间对电子信息处理技术的掌握程度有所不同,这种不同带来的力量对比是构成网络欺凌的重要因素之一"[①]。这也意味着,令人畏惧的身体力量不再是构成网络欺凌威胁的必要前提。网络欺凌无须依仗魁梧强悍的身躯或孔武有力的拳头臂膀等"硬实力",而只需凭借娴熟操纵网络技术的"软实力"和先发制人的精准打击等"巧实力",便可以"四两拨千斤"地 KO 对手。即便是平日里弱不禁风的"豆芽菜",只要他精于此道,也可能摇身一变成为拥有网络空间话语权的"群主"、自带流量的"网红"、呼风唤雨的意见领袖和圈粉无数的网络大咖。

由于网络欺凌不再遵循身体的"力量原则",并悄然实现了由"力"向"智"的力道转变,因此,"力量强的可以欺凌力量弱的,力量弱的也可以欺凌力量强的;个子高的可以欺凌个子矮的,个子矮的也可以欺凌个子高的"[②]。

（七）危害泛在性

近年来,我国智能手机的使用者越来越多,电脑入网的比例几近普及,青少年上网进行社交活动更加便捷频繁,与此同时,他们的网络行为也更加变化莫测,难以监控。网络传播不受时间和空间的任何限制,无论是信息的传播还是信息的接收都不存在障碍。"地球村"的网民群体活动于开放会聚的网络空间,由于文化、语言、年龄、性别、认知、地域、时差存在巨大的差异性,使得文化冲突和交恶行为的爆发变得无时无处不在。即便你身处家中深居简出,也有可能"躺着中枪"。

苏勒尔经过长期研究发现,互联网具有"去抑制化效应",即人们在

---

① 彭焕萍,刘念念."网络欺凌"的内涵延展与再界定[J].广西科技师范学院学报,2019(6):25.

② 石国亮,徐子梁.网络欺凌的界定及其特点分析[J].中国青年研究,2010(12):7.

互联网环境中有较少的约束感,较之于面对面的对话交流,压力大大减小,他们可以更加开放自由地畅所欲言、臧否人事,而不会过多地考虑他人的感受。由于挣脱了现实社会对他们的种种规范与约束,其个性获得了极度张扬的可能。① 网络虚拟世界的这种"去抑制化效应",致使很多人在网上表现得格外活跃,乐意积极地、主动地参与各种网络活动和公共事务,一改平日里的性情状貌,令人诧异不已。

当网络欺凌行为发生时,网络欺凌者与受害者之间由于隔着各种形式的屏幕,所以网络欺凌者感受不到对被欺凌者的直接伤害。一如反欺凌组织执行总裁理查德·皮金(Richard Piggin)指出,欺凌者往往低估网络欺凌的影响,这是因为他们看不到对受害者所造成的痛苦。所以很难产生同情心理,进而导致网络欺凌行为的泛滥。受害人一旦被瞄准或锁定,就不知道侵害来自何时、何处,可谓防不胜防。由于网络欺凌脱离了学校和家庭的视线,青少年无论是欺凌他人还是被他人欺凌,都极难掌握边界和分寸,往往造成难以预计的后果。如何在虚拟世界中制止欺凌行为,特别是防止青少年间的互相欺凌,无论是在国内还是国外,都已经是一个非常急迫的社会问题和教育问题。

(八)传播广泛性

网络欺凌传播的广泛性,主要表现在三个方面:一是网络技术已将整个人类世界变成了麦克卢汉所谓的"地球村",在这一村落里发生的任何新闻和信息,都可能由在地化传播演变为国际传播;二是网络社群因共同的爱好或目标而聚集,他们在持续互动的过程中会形成影响广远的社群化传播,一旦发生网络欺凌行为,"圈里人"便会很快得知,进而衍变为爆炸性的裂变式传播;三是网络信息的下载存储、复制、点击、浏览、转

---

① Suler J. The online disinhibition effect[J]. Cyber Psychology & Behavior,2004,7(3): 321-326.

发、评论等行为,往往会放大网络欺凌的负面影响,加之网络不良信息的被删除权和被遗忘权实际履行的困难,"立此存照""有字为据"势必造成被害人长期的心灵创伤。2018 年 1 月 20 日,湖北红安县思源学校初中生徐某因与同班同学余某发生口角纷争,结果被多名女生集体围殴,甚至被疯狂掌掴,这一场面被拍成视频传至网上。一时间,"女生被疯狂掌掴 20 多次"的新闻在网上被疯狂转发,迅速成为街谈巷议的热点话题,造成对受害人徐某的负面影响和二次伤害。

在互联网问世前,舆情事件流播的范围是有限的,多半是在地化传播,如今则大不相同,它可以无远弗届,甚至迅速传遍世界。越是耸人听闻的八卦信息,越具有撩动眼球的价值,也越容易获得商业流量。对于网络传播在令人名誉扫地方面所起的作用,莱温斯基深有感触,"互联网让她成为全世界羞辱的对象"[①]。为此她呼吁网络传递正能量,全球共同治理网络欺凌顽症。

奥尔波特与波斯特曼在其《谣言心理学》中说:"重要性和模糊性是谣言产生的两个基本条件。"[②]即事件的主题必须对听信谣言的人和传播谣言的人具有某种普遍的重要性,同时有关事件的真实情况一定因种种原因没有公开或被某种模糊性掩盖了起来。网络谣言散播者正是利用了公众的好奇、关注和担忧,而使谣言往往流播得异常迅速和广泛。例如,曾获选 2014 新宅男女神的台湾艺人杨又颖(Cindy)2015 年 4 月21 日在家自杀,就是因为无法忍受长时间的网络欺凌而无奈选择了轻生。死者留下的一张写满被欺凌委屈的遗书,愤恨地控诉众口铄金的莫须有指控,为自己的清白辩诬。

---

① 莱温斯基 TED 演讲:年过 40,不想重返 22 岁[EB/OL].(2015-03-25)[2022-10-25].https://www.thepaper.cn/newsDetail_forward_1314808.

② 周普元,余航远.G.W.奥尔波特.L.波斯特曼《谣言心理学》述评[J].甘肃理论学刊,2022(1):113.

三、网络欺凌治理的核心议题

（一）如何界定网络欺凌的内涵与外延？

网络欺凌是数字技术和社交网络普及带来的全球性现象，是传统欺凌的衍生形态。一般来说，网络欺凌行为包括发送恐吓或贬损消息、传播谣言、发布报复性的色情图像或视频以及对某人的攻击性评论、伪造某人的网络账户、出于恶意排挤某人的线上交流等。

巴基斯坦的研究人员沙迪亚·穆沙拉夫、谢利·鲍曼、默罕默德·阿尼斯·哈克等[①]在《ICT 自我效能的发展和验证规模：探索与网络欺凌的关系和受害》一文中比较细致地描述了网络欺凌不同于传统欺凌的若干特征：一是欺凌者可以在网络交互过程中隐藏或操纵其身份；二是欺凌者无法看到对受害者的直接情绪影响，从而减少心理上的内疚感和道德上的负罪感；三是网络世界没有地域限制，欺凌者可以随时随地接近受害者；四是网络欺凌的内容可以经常性地在全球范围内广泛传播，从而造成对受害者的更大羞辱；五是欺凌者与受害者之间实际权力的不平衡，例如传统欺凌中的权力可能来自体力、人气、较高的社会地位或较为年长的优势，而网络欺凌的权力可能源自欺凌者出色的网络技术特长。

在传统欺凌的研究中，研究者将涉及欺凌的青少年分为三个群体：欺凌者、受害者和欺凌—受害者。欺凌者是实施攻击行为的人，他们通常比同龄人强壮，比较受欢迎，拥有积极的自我感知。受害者是欺凌者

[①] Sadia Musharraf, Sheri Bauman, Muhammad Anis-UI-Haque, Jamil Ahmad Malik. General and ICT Self-Efficacy in Different Participants Roles in Cyberbullying/Victimization Among Pakistani University Students [EB/OL]. (2019-05-14) [2022-10-25]. http://pubmed.ncbi.nlm.nih.gov/31139126/.

欺凌的对象,他们往往不如同龄人强壮,自我评价较低。欺凌—受害者是遭受欺凌后产生攻击倾向的受害者,在面对欺凌时,他们的情绪具有挑衅性。

在网络欺凌的研究中,这三类群体的分类发生了一定变化:受制于网络技术,受害者常常无法获知欺凌者的身份,反抗性被弱化,因此欺凌—受害者群体不再成为研究重点。此外,欺凌者和受害者的群体特征、行为产生因素也发生了改变。以下将从欺凌者(cyberbullyer)、受害者(victims)和旁观者(bystanders)这三个方面对网络欺凌的发生加以总结和探讨。

(1)欺凌者

"欺凌者是在网络空间中实施欺凌行为的一方,他们策划并发起网络欺凌事件,确定欺凌的目标,选择实施损害的手段和表达方式,并最终实施欺凌行为。欺凌者又可分为两种角色:策划、组织、发起网络欺凌行为的'主犯'和欺凌发起后加入或协助欺凌的跟随者(协助者)。"[①]对欺凌者来说,网络欺凌常常是一种令人好奇的日常生活情景,一种淘空时间的百无聊赖。

现有研究表明,网络欺凌中的欺凌者和传统欺凌中的欺凌者在精神个性上存在很强的关联,但仍有一定的独特性。哈曼等研究者调查了攻击性和自我评价等几个与网络欺凌相关的因素,发现不能在网络上很好地表达自己的青少年,一般缺乏社交技巧,自我评价较低,并且在社交方面表现出较高水平的焦虑性和攻击性。他们认为,在不确定的自我评价和欺凌之间存在着很强的关联,当这种不现实的自我认识和网络技术结合后,网络上相互影响以及隐藏身份的能力会使他们的自我意识进一步

---

① 姚劲松,李维.网络语言与交往理性[M].宁波:宁波出版社,2021:62.

弱化,导致他们在线上表现出攻击性和冲击性,从而产生网络欺凌。[①]关于这一问题,其他研究者提出过不同意见,认为欺凌者通常是更加强大的人,自我评价较高,有积极的交往态度,这在结构层面的研究中能够得到进一步解释。

（2）受害者

受害者即网络欺凌行为中的被欺凌者。"受害者是欺凌行为中受害最深的角色群体。网络欺凌不仅给受害者心理带来痛苦,而且会使其出现不理智的外化行为。网络欺凌受害者需要更好的心理疏导和行为指导干预,才能更好地摆脱心理阴影,走出人生困境。"[②]对于受害者来说,现身由网络技术所造就的"形式化的空间统治"之中,如同误入"一种纯粹（形式的）空间所规定的恐怖世界"一般。

在现有研究成果中,网络欺凌受害者的性别差异还不甚明晰,一些研究者在调查中发现,女生比男生更有可能遭遇网络欺凌,而另一些研究者则在调查中得出相反结论,陈启玉等（2016）研究者进行的性别差异分析结果表明,不管是作为网络欺凌的发起者还是受害者,男生的风险都显著高于女生。[③] 关于年龄因素对于网络欺凌受害者的影响,也没有形成一致的看法。罗斯·费斯特和托尔斯滕·夸特在一项基于校园人际网络的探究性调查实验中发现,网络欺凌和年龄之间并没有明确的联

---

① Harman J P, Hansen C E, Cochran M E, Lindsey CR. Liar, liar: Internet faking but not frequency of use affects social skills, self-esteem, social anxiety, and aggression[J]. Cyber Psychology & Behavior, 2005(8): 1-6.

② 葛操,肖丹鹤,许慧.网络受欺凌者的角色形成和应对策略[J].中国学校卫生,2021(4): 636.

③ 陈启玉,唐汉瑛,张露,周宗奎.青少年社交网站使用中的网络欺负现状及风险因素——基于1103名7～11年级学生的调查研究[J].中国特殊教育,2016(3):92.

系①,这与帕钦和辛杜佳等研究者得出的结论一致。而另外一些研究者认为网络欺凌和年龄之间存在某种联系,例如,斯隆杰和史密斯从对360名瑞典青少年进行的研究中发现,12—15岁的青少年比年长的青少年受到网络欺凌的比例更高②;但是,阿蒂米斯·齐齐卡等研究者发现高龄青少年比低龄青少年受到的网络欺凌更为频繁(分别为24.2%和19.7%)。③

在早期关于网络欺凌的研究中,研究者主要关注受害者的心理特征并对其性格行为进行分析,提出了一些受害者遭受网络欺凌的个体原因,诸如自卑、社交能力较差、不合群、缺乏同龄人支持、在校成绩不佳等,或者一些群体方面原因,例如性少数群体、智力缺陷群体等。在最近的研究中,越来越多的研究者将这一问题的切入点转移到社会结构层面。

(3)旁观者

"旁观者没有参与到网络欺凌事件中,虽目睹了欺凌行为的发生,但一直处于旁观者的位置,独善其身,不采取任何措施,是没有牵涉任何欺凌言行或被欺凌者经历的角色。"④

旁观者是网络欺凌事件中一个数量庞大的群体,在网络欺凌事件中,绝大多数旁观者是知情的。网络欺凌发生时,旁观者是以积极作为的姿态,向受害人施以援手,提供有效的支持、帮助和保护,还是以"局外

---

① Festl R, Quandt T. Social relations and cyberbullying: The influence of individual and structural attributes on victimization and perpetration via the Internet[J]. Human Communication Research, 2016, 39(1): 101-126.

② Slonje R, Smith P K. Cyberbullying: Another main type of bullying? [J]. Scandinavian Journal of Psychology, 2008, 49(2): 147-154.

③ Tsitsika A, Jani Kian M, Jcik S, Makaruk K, Tzavela E, Tzavara C, et al. Cyberbullying victimization prevalence and associations with internalizing and externalizing problems among adolescents in six european countries[J]. Computers in Human Behavior, 2015, 51(PA): 1-7.

④ 姚劲松,李维. 网络语言与交往理性[M]. 宁波:宁波出版社,2021:63.

人"的姿态无动于衷、冷眼旁观地"围观""不介入""不作为",直接影响网络欺凌行为变化发展的走向,关乎对被欺凌者及其家庭与社会造成的危害程度和影响烈度。实际上,旁观者可能也会成为"火上浇油"的欺凌者。旁观本质上是对欺凌的一种沉默的纵容,它会助长欺凌行为的发生,也可能加剧被欺凌者的受害程度。

阿泽(Ajze)等研究者基于计划行动模型理论,对网络欺凌旁观者在社会和认知因素影响下,做出的或消极或积极的干预行为选择结果的细致分析,具有较强的启示意义。在他看来,"旁观者不同的行为选择对受欺凌者的伤害程度是不一样的。在网络欺凌事件中,当旁观者呈现出道德冷漠,选择置之事外时,'不作为'的行为可能会助长欺凌行为,在一定程度上还会对被欺凌者造成二次心理伤害。旁观者看似坚持了公平的态度,实质上不自觉地参与了欺凌,旁观行为是对欺凌行为的宽恕与容忍,被欺凌者将之视为其对欺凌行为的默许,甚至是旁观者协助或支持欺凌者行为,无形之中助长了欺凌者的气焰和欺凌行为的升级,还降低了欺凌者内心的自责和愧疚感;反之,当旁观者形成'作为'效应,纷纷指责欺凌者的欺凌行为,如在网络社交评论区域直接并赞并留言鼓励被欺凌者,谴责欺凌者的谩骂、欺侮、嘲弄等不当语言,要求欺凌者停止散布谣言和曝光隐私等过失行为,则能有效保护被欺凌者,提高受害者的心理韧性。"①可见,当青少年旁观者目睹网络欺凌行为发生时,在保护好自身安全的前提下设法为受害人提供支持并努力化解危机,是其正确的选择。

(二)网络欺凌的生成和影响机制是什么?

"在 Web1.0 时代,可以掩藏真实身份的虚拟成为网络活动的代名

---

① 欧阳叶.旁观者效应对青少年网络欺凌的影响[J].中国学校卫生,2019(12):1916.

词。在虚拟世界里,在线的主体形象是符号化的,它不是一个现实的、自在之物,而是一个意念之身。网络生活中显现的很多虚拟身份,可能是一个昵称,可能是一个卡通脸谱,也可能是一串代码,在这些符号后面可能不是一一对应的关系,也无从考证是否实指。从感性经验上看,人在网络空间活动时,物质性的本体不需要随之移动,仿佛在可见的物理空间之外还存在一种精神感应空间。"①互联网技术为虚拟世界开辟了丰富的可能性和多样性,并创制了众多令人目眩的生产与传播场景。虚拟世界是网络欺凌行为发生的"空间",网络欺凌只有在虚拟世界所构成的"境域"中才能得以进行。

网络欺凌通常被定义为通过互联网和数字媒体发生的欺凌行为,它旨在引起受害者的负面情绪,污损受害者的名声,破坏受害者的社会关系。可以肯定的是,网络欺凌行为会令受害者感到不安、愤怒、沮丧、紧张、焦虑和尴尬,轻则导致受害者产生心理健康和身体健康问题,重则引发受害者自杀行为和其他社会问题。

在探究网络欺凌行为及其影响机制时,我们有必要全面考察网络欺凌是如何建构一种"存在"感的,并深入思考网络空间的各种隐性权力在网络欺凌行为形成过程中的角力和纠缠,即理解网络世界任何形式的权力,洞悉权力所依赖的秩序,并专注于权力缠绕其中的、充满冲突的现实。我们需要认识到,一方面,"由于网络社会中主体的复杂性以及所具有的身份、观念、价值、利益等的分化性,网络中呈现出不同观念的高度对立。这种高度对立体现为网络中缺乏明显的共识性的价值观念,并且这种价值的冲突无法用有效的方式进行消解,这种无法消解的对立在现实生活中往往最终演化为暴力活动,而在网络社会中则表现为高度的暴力倾向,这在当前频频爆发的网络暴力事件和由网络所引发的现实暴力

---

① 何明升,等.网络治理:中国经验和路径选择[M].北京:中国经济出版社,2007:220-221.

活动中可以得到证明"①。另一方面,互联网在深度嵌入人类日常生活世界的同时,也使人类的日常生活世界日益被殖民化、媒介化,个体的思想、言辞、行动、习惯、性格甚至命运因此不断被裹挟和被支配。日常生活的媒介化,意味着媒介化行为与日常生活的相互渗透与融合,媒介化行为成为主要的生活方式之一。

时至今日,没有人会怀疑"网络建构了我们社会的新社会形态,而网络化逻辑扩散实质上改变了生产、经验、权力与文化过程中的操作和结果"②。P2P(peer to peer,点对点)、P2G(peer to group,点对群)等重构个体日常生活经验共享的网络技术模式即是例证。越来越多的人发现,他们在日常生活的决策中,"很难对每项措施将要产生的结果具有完全的了解和准确的预测"③。即便是在网络信息如此迅捷发达的今天,要凭借个体的直接经验去把握客观世界,并做出相对准确、合理的决策判断,仍然是一个时常困惑人们的难题。因为"社会无法解决怎样使人们了解超越直接经验的遥远事物或者复杂事物的真相"④。大量的网络欺凌行为正是在这样一种技术、社会、文化背景下生成和扩散的。

(三)不同国家网络欺凌治理经验的通约性在哪里?

如果说"以往的技术,基本上都是客体技术,即通过制造工具、使用工具来改造自然客体的技术",那么,虚拟现实则是一种"用来制造人的本身、改造人的本性或重建人的整个经验世界的"主体技术,它将对整个

---

① 何哲.网络社会时代的挑战、适应与治理转型[M].北京:国家行政学院出版社,2016:19.
② 曼纽尔·卡斯特.网络社会的崛起[M].夏铸九,王志弘,等译.北京:社会科学文献出版社,2001:434.
③ 西蒙.管理行为:管理组织决策过程的研究[M].杨砾,韩春立,译.北京:北京经济学院出版社,1988:3.
④ 张军芳.共享与参与:杜威的传播观辨析[J].学术研究,2015(5):33-38.

人类文明的根基产生颠覆性的影响。① 网络空间是由数字信号传输和数据信息流动所构建的"虚拟形态的电子场域"。人们在其间进行的行为活动,具有"非直观可见"的虚拟特征。面对由网络赋权而形塑的新场景、新体验,我们需要存疑和思考的是,"互联网在提供了技术空间和体验空间的同时,也为主体的互动提供了一个实在的交往空间,而这一交往空间从社会学意义上讲,更具有与现实社会相对应的属性,成为互联网与现实社会相互影响的最有影响的部分。具体来说,现实社会的主体与虚拟社会的主体之间的相互转换,在这一空间中得到了有机的统一"②。对媒介社会学而言,网络欺凌治理无疑是一个新兴的、全球性的且比较宏观的研究任务。为了更好地完成这一任务,我们需要从以下两个角度重新思考网络欺凌治理的问题:一是当代媒介受众日益增长的复杂性;二是网络欺凌治理国际经验的普遍适用性。

2018 年,全球互联网治理从"共识"阶段迈向"共建"阶段。在"互联互通,共享共治"的理念指导下,全球互联网治理进入深水区,各国之间在技术、理念与模式层面探究共建的方法,大力推进全球网络空间命运共同体的建设。③ 詹姆斯·凯茨(James Katz)和罗纳德·莱斯(Ronald Rice)所谓的"无形鼠标"概念告诉我们,"长期的鼠标点击和网上冲浪似乎与社会结构无直接关联(从这个意义上讲鼠标是'看不见的手'),但鼠标移动允许个人和小群体寻找共同兴趣、进行各种形式的交换并产生可以联合起来的纽带,提供了关注、支持和情感,创造了从地区到国际范围内不同层次的个人身份、个人社会资本和集体社会资本,验证了'互联网

① 翟振明.赛博空间及赛博文化的现在与未来——虚拟实在的颠覆性[J].开放时代,2003(2):101.
② 张东.中国互联网信息治理模式研究[D].北京:中国人民大学,2010:106-107.
③ 罗昕,支庭荣.中国网络社会治理研究报告[M].北京:社会科学文献出版社,2019:3.

促进社会参与'的命题"①。

综观世界各国的治理实践,"网络社会中的监管困难不仅体现在对个体上,还体现在对网络行为的监管上。这种监管困难来自两个方面:一方面是由于网络交互活动的便利性、无形性、迅捷性、超时空性,使网络交互活动的频率和范围超过了现实社会中的交互行为",因此,无论是从数量上还是渠道上,都难以对网络欺凌行为实施有效监管;"另一方面,网络中的各种最终表现为非法的行为,其在网络阶段往往与合法行为相混合,很难在初始阶段就给予识别,只能等待最终的侵害安全的结果产生后,才可能发觉这种侵害行为。而如果为了阻遏非法侵害行为的发生,就对所有的合法行为进行屏蔽,又会造成严重的网络堵塞和隔离,产生极大的经济和社会利益损失。"②

对于网络欺凌治理实践的认识,需要用历史的和辩证的眼光来审视,因为那毕竟是不同时空条件下的社会实验。本书第三章所讨论的美、英、德、澳、日五国的治理案例尽管具有国际视野和跨国意义,但其前提和假设在更广泛的国际层面上未必完全合理。域外国家取得的成功有效的治理经验,未必能够从整体上作为中国网络欺凌治理理论的参考——互联网时代社会主体的跨地域、跨阶层性质,使得我们对那些制约治理因素的认识,不能仅仅停留在某个案例本身,而应从更广的视角,更全面、更深入地理解和分析那些制约网络欺凌治理的潜在性和根本性障碍,尤其要更多地关注那些体制性、机制性的障碍因素。③ 唯其如此,世界各国的治理实践才不至于刻舟求剑、缘木求鱼。

---

① 詹姆斯·凯茨,罗纳德·莱斯.互联网使用的社会影响:上网、参与和互动[M].郝芳,刘长江,译.北京:商务印书馆,2007:195.
② 何哲.网络社会时代的挑战、适应与治理转型[M].北京:国家行政学院出版社,2016:84.
③ 骆毅.走向协同——互联网时代社会治理的抉择[M].武汉:华中科技大学出版社,2017:序,3.

（四）如何实现我国网络欺凌的"共同责任治理"？

管理与治理一字之差，其价值取向却判然有别，"政府管理强调政府是社会管理的核心力量，管理既是政府职能，又是政府单一享有的权力。治理则是各种公共或私人的机构管理其共同事务的诸多方式的总和，更为广泛地存在于整治活动与公共管理活动之中"①。显然，治理是一种有别于政府管理的新的管理过程和管理社会的方式。俞可平指出，"治理的本质在于它所偏重的统治机制并不依靠政府的权威或制裁，治理的概念是它所要创造的结构或秩序不能由外部强加；它之所以发挥作用，是要依靠多种进行统治的以及互相发生影响的行为者的互动"②。

俞可平充分肯定了治理的创新价值，并高度概括了它的四个基本特征，即"治理不是一整套规则，也不是一种活动，而是一个过程；治理过程的基础不是控制，而是协调；治理既涉及公共部门，也包括私人部门；治理不是一种正式的制度，而是持续的互动"③。要而言之，"治理是通过一系列的协调、合作、互动来实现对于政治资源、公共资源的管理，并完成处理事务的过程，其核心是'满足公民需要'。政府是治理的重要主体，但不是唯一主体，组织与公民亦是治理主体，且建立持续协作的互动关系尤为重要。"④

从社会力量的觉醒及国家治理的现代化转型的角度出发，杜骏飞认为，政府应当加强和创新网络社会治理，以多元治理取代传统的行政管

---

① 贾哲敏.互联网时代的政治传播：政府、公众与行动过程[M].北京：人民出版社，2017：242.

② 俞可平.治理与善治[M].北京：社会科学文献出版社，2004：32.

③ 俞可平.治理与善治：一种新的政治分析框架[J].南京社会科学，2001(9).

④ 贾哲敏.互联网时代的政治传播：政府、公众与行动过程[M].北京：人民出版社，2017：242.

理模式,以法制化、智能化、专业化、社会化代替官僚化、科层制的传统管理。①　张东则直言:"全能型政府孕育'暴民'型网民,服务型政府培养责任型网民。"②显然,他对粗暴的管理方式不以为然,而对善意的治理方式深表会心。

无须讳言,历史上,"自从政府出现以来,在任何一个社会共同体中,人们总是首先把共同体的秩序寄托于政府……社会秩序的保障和供给一直是行政管理的基本要义"③。"事实上,没有哪个国家真正放弃了对网络信息的管理。出于教育引导青少年、阻止恐怖活动、保护国家权益、限制不正当竞争等方面的考虑,从政府部门到单位机构,都从不同层面管理着网络信息,将对网络的控制与管理视为自己义不容辞的责任和义务。"④乔尔·莱登伯格强调,即使在信息社会时代国家边界的概念淡化了,但国家仍然保留着影响网络自身规则制定的关键能力。在这里,乔尔·莱登伯格指出国家在互联网治理中的地位依然举足轻重。⑤

随着现代社会的发展和政府职能的转换,"服务而非掌舵"的治理理念得到世界范围内许多国家的认同。"联合国教科文组织主张'政府、私营部门、市民社会和技术社区(technical community)在各自负责的领域和所扮演的角色中'应共同遵守一些'原则、规范、规则、决策程序',认为只有如此,方可使网络空间在促进人类可持续发展、建设具包容性的知识社会以及促进世界范围的信息和思想自由流通方面起到积极

① 杜骏飞.网络社会治理共同体:概念、理论与策略[J].华中农业大学学报(社会科学版),2020(6):1,7.

② 张东.中国互联网信息治理模式研究[D].北京:中国人民大学,2010:188.

③ 张康之.论政府的社会秩序供给[J].东南学术,2001(6):45.

④ 陈华栋,于朝阳,胡薇薇.国内外网络文化建设管理模式比较分析与借鉴思考[J].思想理论教育,2010(17):84.

⑤ Reidenberg J R. Governing networks and cyberspace ruling-making[J]. Emory Law Journal,1996(45):911-930.

作用。"①

　　网络治理是一个为促进网络系统的协调运转,以政府为核心的多元社会主体通过合作型、伙伴型关系的构建,对网络空间不同领域和环节进行组织、协调、规范和监督,维护网络安全的行动过程,其根本任务是协调网络关系、规范网络行为、解决网络问题、化解网络矛盾、维护网络安全、应对网络风险、促进网络和谐等。② 以善治为根本目标的国家治理体系和治理能力的现代化,本质上"是一场国家、社会、公民从着眼于对立对抗到侧重于交互联动再到致力于合作共赢善治的思想革命;是一次政府、市场、社会从配置的结构性变化引发现实的功能性变化再到最终的主体性变化的国家实验"③。因此,它理应成为我国网络欺凌治理模式的必然选择。

① 王贵国.网络空间国际治理的规则及适用[J].中国法律评论,2021(2):17.
② 骆毅.走向协同——互联网时代社会治理的抉择[M].武汉:华中科技大学出版社,2017:26.
③ 江必新.推进国家治理体系和治理能力现代化[N].光明日报,2013-11-15.

第二章　网络欺凌的危害管窥及成因分析

　　当代社会,人们拥有更多的时间和自由进行互动交往,他们交往的对象和场域也具有更多的选择性和可能性。当他们在现实世界和虚拟世界穿梭游弋时,彼此的联系及相互关系自然会随着情境的变化而发生改变。没有人会怀疑,"电脑带来了社会关系的非人性化,因为线上的人生似乎是逃离现实生活的捷径"。而且,"在某些状况下,互联网的使用加剧了孤独、疏离感,甚至是沮丧的感觉"①。

　　从传播政治经济学的角度看,网络欺凌实际上是由于网络技术带来的权力不平衡所造成的。因为网络欺凌的双方在网络技术的使用能力与技巧方面不可避免地存在客观的差异,这种差异有时还表现得相当巨大。正如曼纽尔·卡斯特指出,"新的权力存在于信息的符码中,存在于再现的影像中;围绕着这种新的权力,社会组织起了它的制度,人们建立了自己的生活,并决定着自己的所作所为。这种权力的部位是人们的心灵"②。在网络技术和社会功利的双轮驱动下,网络欺凌轻易地突破了传统欺凌的时空限制,使欺凌行为更加便利、欺凌手段更加多样、欺凌方式更加隐蔽、欺凌危害更加严重。因此,认清网络欺凌造成的危害,揭示

---

①　迈克尔·辛克尔特里.大众传播研究[M].刘燕南,等译.北京:华夏出版社,2000:433.
②　曼纽尔·卡斯特.认同的力量[M].曹荣湘,译.北京:社会科学文献出版社,2006:416.

网络欺凌形成的原因,是防范和治理网络欺凌的必要前提。

一、有关网络欺凌行为认知态度的问卷调查

(一)问卷分发概况

为深入探析青年群体对网络欺凌的认知和态度,笔者采取了问卷调查的研究方法。本次有关网络欺凌的问卷共分发 700 份,得到有效问卷 672 份,有效回收率达 96％,在杭州、宁波、绍兴、金华等地高校和中学分发,样本采集包括浙江大学、浙江工业大学、浙江科技学院、浙江工业大学之江学院、金华职业技术学院、浙江商业技师学院、宁波中学、宁波北仑职业高级中学 8 所学校。

经问卷试测,网络欺凌和校园欺凌发生的群体多集中在中学阶段,随着求学年龄的增长,网络欺凌的发生概率呈下降趋势。学生群体是网络欺凌和校园欺凌的亲历群体,其观点、认知和态度对于改变欺凌现状有很强的参考价值和引导意义。在实际问卷发放过程中,采用网络问卷星滚雪球的非随机抽样,重点在中学和高校分发,被测学生群体对于这一话题也有一定的关注度和新鲜感。问卷采用匿名方式,最大程度保护了学生群体的隐私权,在实际问卷回收数据中发现,有一部分被试者曾经有过网络欺凌和校园欺凌的经历,这使问卷调查数据具有一定的代表性和可信性,为本研究的深入分析提供了很好的样本数据。

(二)调查数据解析

1. 你的性别 ＊ ［单选题］

毫无疑问,性别差异与网络欺凌风险的高低有着内在的关联性。然而不同年龄、性别的未成年人网络使用时间有何差异特征? 哪种网络行为有可能增加网络欺凌的风险? 参加本次预防网络欺凌行为问卷调查

的 672 人中,女生占 76.43％,男生占 23.66％(见图 2-1)。

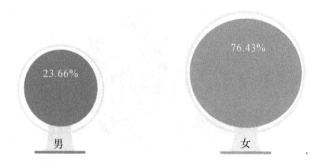

图 2-1　参加本次问卷调查者的性别占比

2. 每天平均上网时间 ＊[单选题]

调查数据表明,在被调查的受众当中,平均上网时间在 3～9 小时的占 71.76％(见图 2-2)。一般来说,未成年人上网时间越长,遭遇网络欺凌的风险系数也就越大。因为他们的辨识能力和网络技术水平都远不及成年人成熟。过度的网络使用很可能造成自我异化,从而打破使用者日常生活的平衡状态。网络的高频率使用和危险使用对网络欺凌和网络受害究竟会产生哪些影响?生活接触理论启示我们,不同的生活方式(包括日常工作和休闲活动)可能导致他们受到不同程度的网络欺凌。要降低欺凌风险的可能性,有必要采取一定的"监护"措施。

3. 上网的主要活动 ＊[多选题]

网络空间是青少年学生活动的主要场所,他们将使用网络作为其日常生活的一部分,不同的上网行为将他们置于不同的风险之中。网络欺凌行为有无特定的社会统计学特征?调查数据显示,被调查者上网的主要活动第一是娱乐和游戏,第二是网络社交,第三是获取资讯消息,第四是在线学习,第五是网络消费,第六是其他(见图 2-3)。而网络欺凌最常见的发生场所则是网络社交平台和网络娱乐游戏平台。

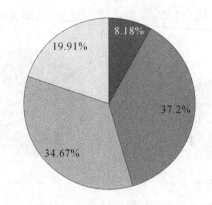

■ 0-3小时 ■ 3-6小时 ▨ 6-9小时 □ 9小时以上

图 2-2 被调查受众上网时间分布

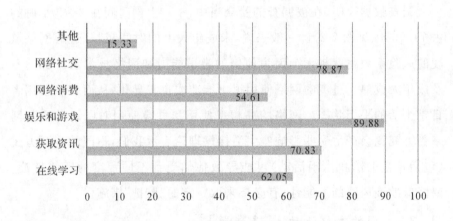

图 2-3 被调查者上网的主要活动分布

4. 你对网络欺凌是否了解？是否经历过网络欺凌？*［单选题］

在接受问卷调查的受众当中，大多数没有经历过网络暴力，但有4.32％的人经历过网络欺凌（见图2-4）。经历过网络欺凌的学生的问卷对本次调查具有重要意义，它有助于我们更清晰地勾画出网络欺凌受害者的轮廓。

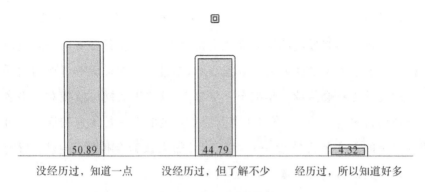

| 没经历过，知道一点 | 没经历过，但了解不少 | 经历过，所以知道好多 |
| 50.89 | 44.79 | 4.32 |

图 2-4　被调查受众对网络欺凌的了解

5. 你(或者身边人)是否参与过对他人的网络欺凌＊[单选题]

对于这一问题的回答,可以了解网络欺凌行为发生的范围和程度。在接受问卷调查的受众中,九成的受众本人或者身边人没有参与过对他人的网络欺凌(见图 2-5)。参与网络欺凌的属于少数人,大多数人未参与过,其中可能包括对网络欺凌的认识不够,在不知情状况下进行欺凌的情况。

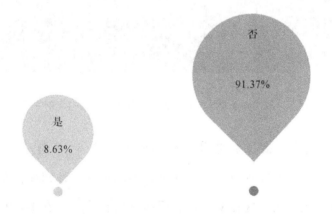

否
91.37%

是
8.63%

图 2-5　被调查受众(或身边人)是否参与过对他人的网络欺凌

6. 你认为遭受网络欺凌的影响会持续多长时间＊［单选题］

探知遭受网络欺凌的影响究竟会持续多长时间,是开展网络欺凌时间模型研究必不可少的要素。数据显示,超过一半的被调查者认为遭受网络欺凌的影响会持续一年甚至一年以上,这是因为网络欺凌对受害者的心理伤害更为直接,而心理伤害需要更长的时间进行治愈和恢复。近四分之一的人认为会持续一月,16.25％的人认为会持续半个月,仅有6.85％的人认为只会持续三天(见图 2-6)。

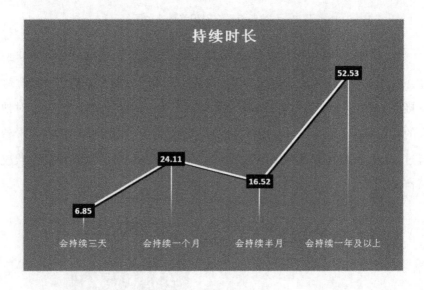

图 2-6　被调查受众认为遭受网络欺凌的影响会持续的时长

7. 你认为什么性别更容易受到网络欺凌＊［单选题］

性别与网络欺凌行为是否存在确定的相关性? 性别如何在网络欺凌行为中发生作用? 这有助于认识网络欺凌行为的内在形成机理。综观被调查受众对此题的回答,30％的问卷显示女性更容易受到网络欺凌的攻击,而绝大多数问卷认为男性和女性都一样容易受到欺凌。由于参与本次调查的女性更多,所以在结果上,男性和女性的比例会表现出较大的差距(见图2-7)。

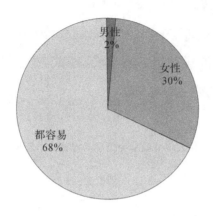

图 2-7　什么性别更容易受到网络欺凌

8. 你认为哪个年龄段的学生更容易对他人进行网络欺凌 ∗ [多选题]

数据显示,初、高中年龄段的学生更容易对他人发起网络欺凌行为,比例分别为 79.61% 和 69.49%。这主要因为未成年学生对情绪的控制能力较弱,责任心还发展得不够健全,故而容易在网络上寻求刺激,对他人施加欺凌。相形之下,研究生由于心智更成熟,所以发生网络欺凌行为的比例明显要比中学生低很多(15.63%)(见图2-8)。

9. 你认为什么年龄的学生更容易遭到网络欺凌 ∗ [多选题]

从调查数据看,高中和初中学生更容易遭受欺凌,前者的比例是73.07%,后者的比例为70.83%,大学生中遭受网络欺凌的比例相对较低,占比为56.55%(见图2-9)。可见,青少年学生的自身保护能力越低,通常越容易遭到网络欺凌。在被调查受众中,小学生遭受网络欺凌的比例最低(45.39%),一个可能的缘由是他们上网的条件和时间受限更多。

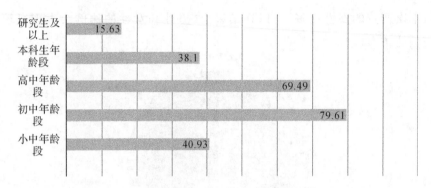

图 2-8　什么年龄的学生更容易对他人进行网络欺凌

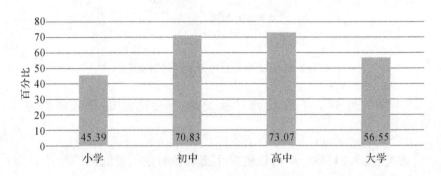

图 2-9　什么年龄的学生更容易遭到网络欺凌

10. 你认为网络欺凌者的内心活动是什么样的＊［多选题］

网络欺凌背后的结构性因素有哪些？从社会心理动机的角度审视网络欺凌行为，是甄别网络欺凌背后的个人因素和结构因素的有效途径。调查数据显示，网络欺凌者出于对异己观念进行攻击和借机发泄情绪的比例最高，分别占 88.1％和 86.76％；其次是跟风、模仿他人行为的占 78.72％，纯属无聊缘故的占 40.18％（见图 2-10）。在网络空间，未成年学生的理性往往让位于感性，一言不合或观点相左时经常会产生一些出格的非理性行为。学习生活压力大，情绪无处发泄，也是导致网络欺凌行为的一个重要原因。

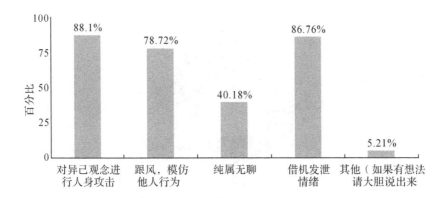

图 2-10　网络欺凌者的内心活动

11. 你认为对他人进行网络欺凌的原因有哪些 ∗［多选题］

发生在网络虚拟世界里的欺凌行为，其实折射的是现实世界中人性及人际关系的多样性和复杂性。根据此次调查，85.57％的人把它归因于网络匿名性的特征，致使他们待人处事时时常缺乏同理心；84.67％的人认为是因为网络空间缺乏监管，以致未成年学生常常为所欲为；78.57％的人从自身找原因，把它归咎于青少年自身特有的逆反心理、不能承担后果以及自尊心强等因素；77.53％的人对网络欺凌的危害认识不清，认为网络空间的行为不会对现实生活中的人们产生什么影响（见图 2-11）。

12. 你是否知道网络欺凌的类型 ∗［单选题］

了解网络欺凌的类型，有助于青少年学生更好地防备此类不测风险的发生。在被调查的受众当中，对网络欺凌的类型缺乏认知的超过六成，达 62.05％（见图 2-12）；有所了解的占 37.95％（见图 2-12）。可见，对网络欺凌行为的认知态度与网络欺凌行为发生的可能性成反比。对其危害性的后果认识得越多，发生欺凌行为的可能性就越小；反之，认识越模糊，频次就越高。

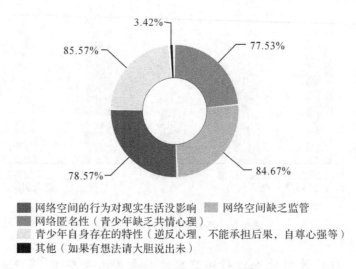

图 2-11　对他人进行网络欺凌的原因

图 2-12　对网络欺凌类型有否认知

13. 生活中普遍存在的网络欺凌的方式有哪些 * [多选题]

网络欺凌方式多种多样,且较为隐蔽,不易判断和发现,这也给问题的处置带来许多困难。在问卷调查的九种欺凌方式中,最常见的欺凌方式分别是人肉搜索＋网络曝光、网络骚扰、污蔑他人,其中人肉搜索＋网络曝光达 94.79％,网络骚扰占 88.84％,污蔑他人是 87.2％。其后的方式排序依次是:网络论战占 79.61％,网络盯梢占 69.35％,孤立他人占 61.61％,恶意投票占 57.29％,冒名顶替占 46.28％,其他占 2.23％(见图 2-13)。

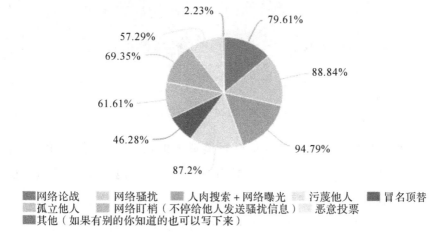

图 2-13　生活中普遍存在的网络欺凌方式

14. 你对网络欺凌的后果了解吗 ＊［单选题］

对于这个问题的回答,三分之二的受众对网络欺凌的后果表示大致能想到一些,比例为 66.07％,这里的大致意味着他们并不十分清楚,只是想当然而已;表示了解的还不到三分之一(比例为 26.64％);仍有 7.29％的人表示对网络欺凌的后果并不了解(见图 2-14)。这从一个侧面说明许多青少年学生的懵懂无知,对其开展网络空间规则教育和数字文明教育十分必要和紧迫。

15. 你知道的网络欺凌的后果有哪些 ＊［多选题］

网络欺凌造成的后果的严重性,丝毫不亚于传统欺凌。但是,由于认知模糊而导致未成年学生在线上活动时经常失态或失措。从统计数

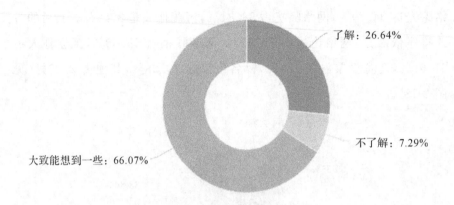

图 2-14　对网络欺凌的后果是否了解

据看,被调查者认为网络欺凌最有可能造成的后果依次是:抑郁症,占97.32%;自杀,占 90.77%;失眠占 90.63%;对他人失去信任,占89.43%;恐慌,占 88.99%;不愿意上学,占 83.33%;认为没有影响的仅有 6.99%,另有 2.23%的人认为可能造成其他影响(见图 2-15)。

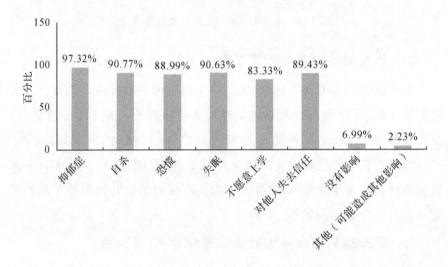

图 2-15　网络欺凌的后果

16. 你认为采取什么措施能有效预防网络欺凌 ＊ ［多选题］

　　根据统计数据，92.56％的人认为，根据相关法律法规对网络欺凌事件建立严格的监管体系是预防网络欺凌的最有效的措施之一；88.69％的人呼吁加强青少年心理疏导和教育；83.63％的人要求对参与网络欺凌的学生予以严厉处罚；80.95％的人主张进行相关"反网络欺凌"的宣传教育；还有79.91％的人强调对网络从业人员加强监管；79.46％的人赞同建立网络实名制的举措。上述结果表明，家长监控的缺位、学校教育的缺陷、法律法规的不完善、网络社会道德规范的缺失等，都有可能导致网络欺凌伤害的风险。因此，法治与德治是预防网络欺凌的必要手段。如何建立事前预防、事中干预、事后惩治的全程治理机制，有效遏制网络欺凌行为，营建清朗安全的网络空间环境，是全社会共同关注的话题。唯有自律与他律、线上与线下、政府与社会多措并举、齐抓共管，方有可能有效保障每个青少年学生在网络空间应当享有的合法权益（见图 2-16）。

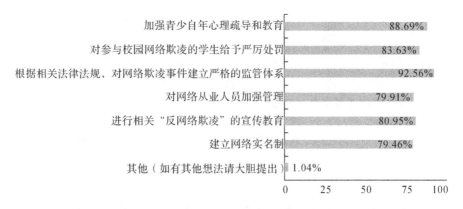

图 2-16　采取什么措施能有效预防网络欺凌

17. 如果你遭受欺凌或者看到他人遭受欺凌,你会采取哪些解决方法? *[多选题]

在接受问卷调查的受众当中,当自己或他人遭受欺凌时,81.1%的被调查者选择"进行投诉",70.54%的人会"联系警方",57.59%的人会"告知家长",56.85%的人会"联系学校",31.1%的人会选择"诉讼威胁"。由此可见,绝大多数人在处置网络欺凌危害时会首先寻求外界帮助,以帮助自己摆脱厄运;只有12.05%的人会选择置之不理。对受害者来说,"进行投诉"无疑是解决问题最快速、成本最小的方式,但这种方式相对来说力度较小;"诉讼威胁"方式对于处理网络欺凌事件的力度要更大,但其解决成本也更高(见图2-17)。

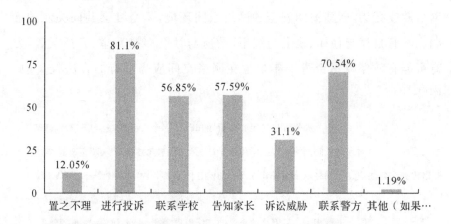

图 2-17 遭受网络欺凌或看到他人遭受欺凌时会采取的解决方法

(三)发现与印证

根据调查问卷的相关数据进行交叉深入分析,笔者得到以下发现和印证。

1. 日常生活理论是研究网络欺凌行为的理想分析框架之一

互联网对人类日常生活的深度渗透,使得无数未成年学生产生了严重的网络依赖症,网络技术的普遍使用不可避免地造成人对网络技术的膜拜和沉溺,网络技术因而成为对人的"新的控制形态"。[①] 正如纪录片《智能陷阱》中提到社交媒体对青少年的影响,"这些东西不仅在控制他们把注意力花在哪里,尤其是社交媒体越来越深入大脑根部,夺走了孩子们的判断力、自我价值和身份"。

问卷调查数据表明,对于以在校读书为主业的青少年学生来说,近四分之三(71.76%)的人每天平均上网时间有 3~9 小时,的确过多。这种网络的高频接触和过度甚至危险使用,潜藏着令人忧虑的个人、家庭和社会风险。研究者有理由担心,一方面,长时间沉溺于网络化个人主义世界中,"人们日益减少参与到当地的社区组织中,这可能意味着我们生活在社会性正在消失的世界。在这种世界中,人们之间的信任度很低,社会融合度下降,孤独感普遍产生,人们结合在一起互相帮助的集体行动的能力下降"[②]。另一方面,一个社会的交流主体若是由不愿暴露真实身份的、自我封闭的匿名参与者构成,那么安德森想象中的共同体将势必退化成一个无政府社会。在那里,没有确定的现实、对错和约束民众的道德准则;在那里,支配网络的不是"群众的智慧",而是少数人的偏好。[③] 如此混乱无序的生活和学习环境对于青少年学生的健康成长来说是十分可怕的。

---

① 赫伯特·马尔库塞.单向度的人:发达工业社会意识形态研究[M].刘继,译.上海:上海译文出版社,2008:33-38.

② 李·雷尼,巴里·威尔曼.超越孤独:移动互联时代的生存之道[M].杨伯溆,高崇,等译.北京:中国传媒大学出版社,2015:7.

③ 安德鲁·基恩.网民的狂欢——关于互联网弊端的反思[M].海口:南海出版公司,2010:63-91.

创造虚拟交往是互联网技术的伟大功绩,然而我们也不应该忽视各种非具身体验技术正在重塑人类的感知经验。当互联网不可逆转地成为世人开始、发展、维系甚至终结各种社会关系的超级平台时,传统社会交往的意义也在互动的过程中被不断地生产、协商和改变,而并非单方面一厢情愿地赋予。日常生活理论因为关注人们如何将互联网、大数据、人工智能等新兴科技嵌入日常生活而成为研究网络欺凌行为的一个理想的分析框架。

2. 自我同一性与角色混乱的冲突在网络欺凌行为中表现尤甚

所谓自我同一性是人对自我一致性和连续性的感知,与此相对应的是同一性混乱或同一性危机。① 依据美国著名心理学家埃里克森的人格发展论的观点,每个人都要经历八个阶段的心理社会演变,而人的自我同一性与角色混乱相冲突基本出现在 12—18 岁年龄段。这一时期的青少年恰好处于心理上的叛逆期和情感上的震荡期,经常表现出理智的清醒与感性的冲动交错、网络身份与社会角色迷乱重置,以致人们怀疑他们是否"一半是天使,一半是魔鬼"。

这种心理上的矛盾和冲突从他们对网络欺凌行为的认知与态度问卷调查中可见一斑。统计表明,超过四分之三(77.53%)的学生对网络欺凌的危害认识不清,认为它不会对现实生活中的人们产生影响。他们把网络世界与现实世界全然割裂开来,误把网络欺凌当作"友群""饭圈"里的戏谑调侃、虚拟空间中的玩耍游戏。但是,一旦遭受网络欺凌,他们多半又不会把它当作嬉戏或恶作剧去处理,而是采取"投诉""报警""诉讼"等方式寻求法律层面的惩治。这从一个侧面反映了他们的认知与行为脱节的情状。

---

① 埃里克·H.埃里克森.同一性:青少年与危机[M].孙名之,译.杭州:浙江教育出版社,1998:1-37.

网络社会学对这种吊诡给出的解释具有相当的说服力：与现实世界是构建社会关系网络与定位个人文化身份的唯一场域不同的是，虚拟社会里的个体文化身份是由大量重叠的层面或者诸多"次身份"构成，每个人均同时拥有多重身份。[①] 更重要的是，"网络的匿名性、去中心化的技术特质，使得个体的脱嵌性较之现实社会更为彻底，人们在网络中可以搁置自身的原有身份、角色甚至性别，摆脱自身所处的阶层位置和地位群体，摆脱所属的种族、邻里、社区、职业等早期现代主要的认同来源"[②]。现实与虚拟两种身份的交替转换，极易导致真实自我的虚幻与迷失。

Z世代的青少年自小就与社交媒体结下不解之缘。他们把情感集中在网络环境中，不懂得现实生活中的情感，但又极易受到他人负面评价的影响，导致他们变得更加焦虑、脆弱和抑郁。对此，我们须努力防止青少年由于自我同一性与角色混乱的冲突而导致的网络欺凌行为。

3."冒险性偏移"提供了网络欺凌行为的一种解释机制

美国社会心理学家詹姆斯·斯托纳（James Stoner）曾用"群体极化"的概念详细阐释了"经过群体讨论之后不仅会造成'冒险性偏移'，也会加剧谨慎性倾向"[③]的现象。对照斯托纳的分类，网络欺凌行为显然属于一种发生在网络空间的"冒险性偏移"。根据本次调查有关网络欺凌动机的统计数据，网络欺凌的发动者绝大多数是出于对异己观念进行攻击（88.1％）和借机发泄情绪（86.76％）的目的。这一结果也有力印证了斯托纳等学者的洞见。

---

① 拉里·A.萨默瓦，等.跨文化传播[M].闵惠泉，译.北京：中国人民大学出版社，2016：112-114.

② 张杰.通过陌生性去沟通：陌生人与移动网时代的网络身份/认同——基于"个体化社会"的视角[J].国际新闻界，2016(1)：105.

③ 韦龙.重返对话：网络群体极化现象化解路径研究[J].新闻大学，2021(10)：31.

网络是群体极化的温床。诚然,互联网在满足人类沟通交流的几乎所有想象,使民众获得前所未有的表达、交往机会的同时,也因信息选择的狭隘偏好所触发的观点对抗、情绪愤激和群体极化,不断放大社会发展过程中的撕裂与分歧。① 大量研究业已证明,"网络中存在群内同质化、群际异质化的特点,志同道合的网民以此方式聚集在一起,互动更为频繁,更加剧了极化倾向。网络群体极化具有攻击性、侵略性、煽动性的特点"②。

一些学者把"群体极化"看作网络社会交往的必然结果,夏倩芳等(2017)认为,"新媒体环境下的社会互动过程,将导致以心理群体或舆论群体形式存在的社会公众的意见极化。新媒体特别是社交媒体的技术属性为这一过程提供了物质基础,选择性信息接触和社会背书构成了两种基本的解释机制""极化的本质是观点、态度、立场的极端化或激进倾向。"③在陈福平等(2017)看来,"社交网络中会有许多观点,然而这些不同意见群体的链接却是封闭隔离的",最终消解极化的重要途径就是"对多元观念保持开放,并让互联网中隔离的'小世界'互相感知"④。国外研究者发现,"网络中匿名性和视觉线索的缺失能诱发群体极化现象,匿名情境中的群体极化显著高于非匿名情境,同时匿名情境下的群体认同也显著强于后者"⑤。

---

① 韦龙.重返对话:网络群体极化现象化解路径研究[J].新闻大学,2021(10):30.

② 钭娅,金一波,史美林,薛鹏达,聂健.网络群体极化的现象分析与启示[J].宁波大学学报(教育科学版),2018(1):24.

③ 夏倩芳,原永涛.从群体极化到公众极化:计划研究的进路与转向[J].新闻与传播研究,2017(6):5,20.

④ 陈福平,许丹红.观点与链接:在线社交网络中的群体政治极化——一个微观行为的解释框架[J].社会,2017(4):236-237.

⑤ Lee E J. Deindividuation effects on group polarization in computer-mediated communication: The role of group identification, public self-awareness, and perceived argument quality[J]. Journal of Communication, 2007(57):385-403.

二、网络欺凌的危害管窥

网络对人类社会生活无孔不入的全面渗透,使得当代青少年同时生活在真实的现实世界和虚拟的网络世界之中。网络欺凌作为网络社交的衍生物,严重干扰和影响了青少年正常的学习与生活。那些曾经遭遇有过网上隐私失密、网络欺凌、网络恐吓、网络欺诈等的人,往往容易产生上网安全焦虑症,表现出有异于常人的惶恐不安甚至无所适从的心理。

（一）对被欺凌者的伤害

1. 产生自卑、恐惧、焦虑等情绪

在数字化时代,网络空间中的个体时刻都处于网络化的操作系统之中,随时都可以向他人发起挑战和攻击。网络欺凌这一"看不见的拳头",对于青少年来说会产生深刻且持久的消极影响。大凡经历过网络欺凌的青少年,容易产生紧张、恐惧、痛苦、焦虑、自卑、愤怒、沮丧、抑郁、厌学、自残等情绪,情形严重者则会表现出精神疾病或强烈的自杀意念（据报道,自杀是仅次于交通事故的第二大青少年死亡原因）。

网络欺凌对青少年危害的大小,取决于网络欺凌的频率、持续时间和类型。相比传统欺凌,网络欺凌对青少年的危害更大、更长久。传统欺凌受害者可以通过跟欺凌者保持物理距离来避免伤害,而网络欺凌受害者只有切断所有电子通信设备才能摆脱伤害。有研究表明,长期的网络欺凌会增加受害者的异常行为,如攻击行为、越轨行为、酒精和药物滥用。

2. 滋长自杀倾向

在荷兰,索纳维恩发现网络欺凌受害者产生自杀想法的概率是普通人的 2 倍,实际上采取自杀行为的概率是普通人的2.5倍。[①] 凡吉尔发现,同时遭遇过网络欺凌和传统欺凌的人最可能产生自杀想法,其次是网络欺凌受害者,最后是传统欺凌受害。[②] 青少年自杀行为的发生是由诸多因素导致的,虽然不能仅仅归因于网络欺凌事件,但欺凌事件可能是压死骆驼的最后一根"稻草"。此外,网络欺凌还会导致一些生理问题,如头痛、食欲不振、胃痛、失眠等症状。

据美国全国预防犯罪委员会的相关报告显示,网络欺凌已经成为美国青少年面临的最大的网络威胁之一。美国网络欺凌研究中心对 200 名青少年进行的专项调查研究发现,自杀企图与网络欺凌行为密切相关,那些遭受网络欺凌的人产生自杀意愿的可能性是普通人的2.5倍。[③]

网络欺凌会给受害者造成巨大的身心损伤,导致受害者陷入负面境遇,产生不利于身心健康发展的消极情绪。在青年群体中,遭受网络欺凌的男性更有可能滋生自杀意愿。[④] 不同强度的网络欺凌还会造成青少年无法适应社会化生存,并产生不同程度的社会焦虑情绪,严重的还会导致与同龄人产生社会交往的回避和恐惧。[⑤] 那些经常向老师报告

① Sonawane V. Cyber bullying increases suicidal thoughts and attempts[EB/OL]. [2020-10-25]. http:// www. hng. com /articles/26245/20140311/cyber-bullying-increases-suicidalthoughts attempts-study. htm.

② Van Geel M, Vedder P, Tanilon J. Relationship between peer victimization, cyberbullying, and suicide in children and adolescents: A meta-analysis[J]. JAMA Pediatrics, 2014, 168(5): 435-442.

③ Hinduja S, Patchin J W. Bullying beyond the schoolyard: Preventing and responding to cyberbullying[M]. Thousand Oaks: Corwin Press, 2009: 88-89.

④ Dimitrios N, et al. Does cyberbullying impact youth suicidal behaviors? [J]. Journal of Health Economics, 2017(56): 30-46.

⑤ Martinez-Monteagudo M C, Delgado B, Ingles C J, Escortell R. Cyberbullying and social anxiety: A latent class analysis among Spanish adolescents[J]. International Journal of Environmental Researcch and Public Health, 2020, 17(2): 201-219.

遭受网络欺凌的受害者学生,对于学校的认知呈现出积极的一面。[①]

罗德利等认为,青少年群体中的网络欺凌行为与自杀意愿(suicidal ideation)这类消极的心理因素有关,并通过 logistic 回归分析,证实了相关的研究假设,同时提出了一种新的自杀预防方式,即引导青少年养成积极健康的生活方式,譬如优质的睡眠、健康的运动等,以此减弱自杀意愿,从而降低欺凌发生的概率。[②]

3. 导致社交疏离

网络欺凌虽然大多数发生在学校外面,但是会影响青少年的学业和校园生活,导致成绩下降、注意力无法集中、上课缺席、低归属感、社交疏离等问题。贝伦等(Beran et al., 2012)对美国和加拿大的 1368 名大学生进行调查,发现仅有 6.83％的学生认为网络欺凌对他们没有负面影响。[③] 同时,由于网络欺凌受害者在学校的消极状态,他们容易引起老师和同学的反感,从而容易遭遇更多的挫折,甚至容易遭受传统欺凌。

桑迪亚戈等学者研究在大学生群体中社会情感因素(如孤独感、自尊等)与网络欺凌受害之间的联系,并根据研究发现:当受害者感知同龄人对自身的接纳度较低时,会更有可能报告自身遭受欺凌的经历,还发现如果在之前的教育经历中有过传统欺凌行为的人更有可能会在大学中实施网络欺凌。[④] 依巴拉和米切尔(Ybarra & Mitchell)发现,19％的

---

① A. M. Veiga Simão, P. Costa Ferreira, I. Freire, A. P. Caetano, M. J. Martins, C. Vieira, Adolescent cybervictimization—Who they turn to and their perceived school climate[J]. Journal of Adolescence, 2017(58): 12-23.

② Rodelli M, De Bourdeaudhuij I, Dumon E, Portzky G, DeSmet A. Which healthy lifestyle factor sareassociated with a lower risk of suicidal ideation among adolescents faced with cyberbullying? [J]. Preventive Medicine, 2018(11): 32-40.

③ 孙时进,邓世昌.青少年的网络欺凌:成因、危害及防治对策[J].现代传播,2016(2):144.

④ Santiago Y, Raúl N, María E, Elisa L, Anastasio O. Cyberbullying victimization in higher education: An exploratory analysis of its association with social and emotional factors among Spanish students[J]. Computers in Human Behavior, 2017(75): 439-449.

10 岁到 17 岁的团体曾涉及在线攻击,其中 12％是攻击者,3％既是攻击者也是攻击目标,4％是攻击目标。德永(Tokunaga)总结在之前线上欺凌的研究中,20％～40％的青年人曾至少经历过一次网络欺凌。[①]

4. 诱发网络性行为

网络欺凌的表现形式各不相同,并在网络社交中以具体的互动对受害者加以侵害。网络性行为不仅是网络欺凌的一种具体表现形式,还给受害人带来严重的不良后果。有研究发现,网络性行为增加了网络欺凌的受害程度,进而增加了抑郁症状和自杀意愿。[②] 这种由网络性行为裹挟的欺凌会对青少年群体产生反噬,对于那些遭受过网络欺凌的青少年而言,他们会迫使自己参与某些性行为,以此来寻求社会支持,提升个人自尊。[③] 有研究在纵向的时间维度上研究了未成年人性骚扰与网络欺凌之间的相互影响关系,结果发现那些在前一年遭受过性引诱和网络欺凌的未成年人群体在一年后出现了性引诱和网络欺凌行为显著增加的情况。[④]

5. 识别欺凌困难

网络欺凌的发现和识别并非易事,判定和解决似乎更加困难。帕钦

---

① Ruth Festl, Thorsten Quandt. Social relations and cyberbullying: The influence of individual and structural attributes on victimization and perpetration via the Internet[J]. Human Communication Research,2013,39(1):101-126.

② Jasso J L, López F, Gámez-Guadix M. Assessing the links of sexting, cybervictimization, depression, and suicidal ideation among university students[J]. Archives of Suicide Research, 2018 (22): 153-164.

③ Alonso-Ruido P, Rodriguez-Castro Y, Lameiras-Fernández M, Martínez-Román R. Las motivaciones hacia el sexting de los y las adolescentes gallegos/as [J]. Revista de Estudios e Investigación en Psicologíay Educación, 2017(13): 47-51.

④ Manuel G G, Estibaliz M P. Longitudinal and reciprocal relationships between sexting, online sexual solicitations, and cyberbullying among minors[J]. Computers in Human Behavior, 2019(94): 70-76.

和辛杜佳的研究表明,"以网络文本为主要载体的恐吓、诽谤、骚扰等欺凌相对隐性,且由于网络匿名性、代际网络使用习惯与兴趣差异,家长和老师并不总能及时发现网络欺凌的现象,一项调查发现 80％ 的受欺凌者不向家长反映自身遭遇欺凌的情况"。此外,"网络欺凌认定中还存在操作性困难,例如欺凌者真实身份的确定、证据的收集等,由于网络信息可以删除,取证与分析甚至需要借助网站、律师等力量,耗费大量时间精力,这是许多学校所不愿意承担的"。[①]

(二)对欺凌者的伤害

通常,在青少年网络欺凌中,人们比较关注网络欺凌对受害者的危害,而对网络欺凌中欺凌者的危害知之甚少。有些网络欺凌者在实施欺凌事件后会感到兴奋、激动以及开心,而有些人会感到惭愧或内疚。2013 年,坎贝尔等对 3112 名青少年网络欺凌者的个人欺凌行为认知和心理健康进行研究,发现大多数网络欺凌者没有察觉到自己的行为是恶劣的,也没察觉到自己的行为影响了受害者的生活。[②] 研究者还发现这些欺凌者的社会压力、抑郁以及焦虑等症状的比例要高于其他青少年。此外,周等调查了 1438 个中国高中生的在校表现发现,相比其他学生,网络欺凌者更容易违反校规、实施传统欺凌,甚至参与犯罪行为。[③]

三、网络欺凌成因分析

当代著名社会理论家安东尼·吉登斯(Anthony Giddens)指出,"随

---

① 刘业青,林杰.网络欺凌的学校惩戒:美国的判例与经验[J].现代传播,2021,43(1):164.

② Campbell M A, Spears B, Butler D, Kift S. Do cyberbullies suffer too? Cyberbullies' perceptions of the harm they causes to others and to their own mental health[J]. School Psychology Interational,2013(34):613-619.

③ Zhou C, Tang H, Tian Y, Wei H, Zhang F, Morrison C. Cyberbullying and its risk factors among Chinese high school students[J]. School Psychology International,2013(34):630-647.

着计算机和其他形式的电子化数据处理设备的发展,监督开始进入到我们生活的每一个角落"①。网络欺凌是网络技术风险与线下社会风险经由网络行为主体叠加转化而形成的一种社会危机。网络欺凌不仅涉及技术因素,也与行为主体、家庭教育和学校教育以及社会文化环境等诸多因素密不可分。"关于网络欺凌的成因,已有研究者进行了大量实证研究,主要从性别、年龄、性格特征等维度切入,由于样本选取、定义多样化、实验操作等原因,研究结果存在一定差别。"②网络时代如何有效保护青少年的合法权益,保障其身心健康发展,现已成为世界各国亟待解决的全球性难题。

（一）线上行为的自我效能衰减

如果我们把在线身份看作一种可用于发展我们自己期望的个性或表达真实自我的工具,那么显然会产生这样的问题:对现实生活而言,在线身份意味着什么?③ 美国斯坦福大学心理学家阿尔伯特·班杜拉(Albert Bandura)首创的"自我效能"(self-efficacy)概念,对于说明导致网络欺凌行为的原因具有较强的阐释力。所谓的自我效能,是指个体在其所处特定的情境中是否有能力去完成某个行为的期望。它包括结果预期和效能预期两个部分,其中结果预期是指个体对自己实施特定行为可能导致何种结果的估判,效能预期是指个体对自己实施特定行为能力的主观预测。研究显示,"自我效能感与网络利他行为之间存在显著的正相关,个体的自我效能感越高,其网络利他行为水平也越高"④。

---

① 安东尼·吉登斯.社会学[M].赵旭东,译.北京:北京大学出版社,2003:341.
② 王凌羽."网络欺凌"治理的国际经验初探[D].杭州:浙江工业大学,2017:13.
③ 亚当·乔伊森.网络行为心理学:虚拟世界与真实生活[M].任衍具,魏玲,译.北京:商务印书馆,2010:124.
④ 郑显亮,赵薇.共情、自我效能感与网络利他行为的关系[J].中国临床心理学杂志,2015(2):360.

　　当代青少年伴随互联网一同成长,眼界更为开放,兴趣爱好更为广泛,思想观念也更为多元与兼容,但是他们基本属于独生子女一代,身上普遍表现出关注自我、注重个人感受等个性特征。巨大的社会压力、疏离的人际关系、自我意识的个性化,使得他们容易产生孤独感,因而渴望关注关怀,渴望交往联系,也特别容易挑事以引起关注。互联网的崛起与普及,为青少年获得一处情绪释放、情感抚慰的新空间。于是,线上交往成为他们维系连接、获得圈层话语权、表征人气人缘、创新声誉管理的一种重要方式。然而"由于电子传播的一些技术特性,比如非面对面的交流方式,使聊天和文字信息容易被误解。此外,电子传播的速度和广度使得欺凌行为发出后无法被及时阻断,从而导致更多人参与到欺凌过程当中,扩大欺凌范围"[①]。

　　有很多风险因素会导致网络欺凌的发生,包括个人层面和社会层面。在个人层面,个体情感心理状况的负面变化可能会转化成网络欺凌的风险因素。自尊感较低的年轻人容易遭受网络欺凌的侵害。[②]

　　安德森(Anderson)等提出的一般攻击模型(general aggression model,见图 2-18)为研究青少年网络欺凌行为提供了系统的理论分析框架。他们认为,欺凌行为的产生首先与欺凌者和受害人的个体因素与他们所处的环境因素密切相关。研究发现,在网络欺凌中,同情感较低(人格因素)、自尊感较低(心理状态因素)和道德认同较低(价值观因素)的人更易成为欺凌者;而逃避感较高(人格因素)、抑郁水平较高(心理状态因素)和社交智商较低(价值观因素)的人更易成为受害者。同时,网络中的环境因素,如言辞犀利、匿名性、不良沟通和相互不友善等,也有

----

① 王凌羽.“网络欺凌”治理的国际经验初探[D].杭州:浙江工业大学,2017:12.

② Palermiti A L, Servidio K, Bartolo M G, Costabile A. Cyberbullying and self-esteem: An Italian study[J]. Computers in Human Behavior, 2017(69): 136-141.

可能导致网络欺凌的发生。[1]

图 2-18　一般攻击模型

　　言语攻击和社交技能也有可能导致网络欺凌的发生,但这两个因素的影响力取决于个体的自我效能高低,当个体在网络中的自我效能水平较低时,言语攻击和社交技能对网络欺凌几乎没有影响。[2]

　　大量研究表明,抑郁和焦虑是滋生青少年网络欺凌行为的主要影响因素。对此,家长、教师、社工需要给予青少年更多的关心和抚慰,通过推心置腹的对话交流,了解他们的所思所想、所忧所虑,及时解开他们内心的郁结。例如,可以通过开展心理健康咨询,引导他们学会管理自己的情绪,也可以通过进行课外社会实践活动,转移他们的注意力、缓解因学习压力或人际关系紧张而导致的苦闷焦虑,从而有效减少网络欺凌行为的发生。

　　研究发现,采用积极正面的方式处理愤怒情绪,并不会减少网络欺凌行为的发生,但愤怒情绪的消极处理方式反而会导致更严重的网络欺

---

　　① 孙时进,邓士昌.青少年的网络欺凌:成因、危害及防治对策[J].现代传播,2016,38(2):145.

　　② Savage M W, Tokunaga R S. Moving toward a theory: Testing an integrated model of cyberbullying perpetration, aggression, social skills, and Internet self-efficacy[J]. Computers in Human Behavior, 2017(71): 353-361.

凌行为发生。[①] 由此可见,青少年对待和处理愤怒情绪的处理方式与网络欺凌存在一定的关系。愤怒情绪的产生往往与个体的人格特质有关。道德脱离(moral disengagement)和道德认同(moral identity)作为中介因素,能够干预和调节愤怒型人格特质(trait anger)与网络欺凌之间的直接或间接的影响。[②] 这也从心理层面表明,可以通过提高年轻人的道德认同感,对网络欺凌进行干预和预防。

(二)匿名环境的心理极化

有学者指出,日常生活的媒介化意味着媒介化行为与日常生活相互渗透与融合,媒介化行为成为主要的生活方式之一。随着私人空间的开放,社交线索成为网络人际传播背后的主要决定因素,作为一种"既远又近的陪伴",网络互动所营造出的生活化空间,更容易让观看者产生代入感和在场感。网络人际传播中不同的社会认同会导致社会归类的不同,最终形成群体凝聚力增强的身份极化效果。[③]

从心理学角度而言,虚拟世界中的网民行为常常遵循两大原则,一是好奇心原则,主要表现为新鲜、刺激、悬念、出乎意外、震惊、正在发生、不确定、突发性、竞争、隐秘、私秘、追踪、真相、曝光、揭秘;二是快乐原则,主要表现为娱乐、轻松、戏谑、调侃、颠覆、刺激等。青少年好奇、好动、好胜的特征,使得他们在没有严格约束的时空环境里会表现出有悖常情、丧失理智的行为。

实践表明,网络空间的"匿名性扩大了欺凌者和受害者的范围,在现

① den Hamer A H, Konijn E A. Can emotion regulation serve as a tool in combating cyber-bullying? [J]. Personality and Individual Differences, 2016(102): 1-6.

② Wang X C, Yang L, Wang P C, Lei L. Trait anger and cyberbullying among young a-dults: A moderated mediation model of moral disengagement and moral identity[J]. Computers in Human Behavior, 2017(73): 519-526.

③ 朱永祥.人格化:全媒体语境下主持人的关系突围[J].中国广播电视学刊,2021(12):74.

实生活中没有成为欺凌者,甚至本身是传统欺凌中受害者的青少年,会变成网络欺凌的欺凌者,使更多青少年受到欺凌。因为在网络上匿名的能力会降低个体的自我意识,导致他们难以抑制消极的情绪,并对其他个体表现出更强烈的冲击性和攻击性,正如伊巴拉(Y barra)和米切尔(Mitchell)指出,互联网的匿名性会使青少年在网络上使用比他们在现实生活中更激进的表达方式"[①]。古斯塔沃·梅施(Gustavo S. Mesch,2009)认为,网络欺凌行为之所以愈演愈烈,很大程度上是因为虚拟空间的匿名性无法即时反馈实施行为的后果,进而导致欺凌者不能保持清醒和理性。[②]

虚拟网络空间为实施网络欺凌行为提供了一个更加隐蔽和安全的环境。科瓦尔斯基和里姆博(Kowalski & Limber,2007)在对中学生网络欺凌案例进行分析和比较后指出,由于虚拟空间隐去了欺凌者的真实身份,他们在心理上便放松了约束限制,网络空间之于欺凌者来说可谓如鱼得水。[③]

一名网友曾坦言:"在匿名的网络世界里,我们可以抛弃掉所有的戒备,全身心地投入网络世界,寻找认同感,能够感受到自己其实也是可以影响别人的。"[④]其言下之意是一些在现实社会无法宣泄的情绪、无法释放的压力,可以在网络空间找到出口。

青少年处于情绪和心理波动变化加剧的"心理断乳期",鱼龙混杂、莫衷一是的信息传播环境,加之认知发展不足,自控能力较弱,使得他们

---

① 王凌羽."网络欺凌"治理的国际经验初探[D].杭州:浙江工业大学,2017:12.

② Gustavo S. Mesch. Parental mediation, online activities, and cyberbullying[J]. Cyberpsychology & Behavior, 2009, 12(4): 387-393.

③ Kowalski R M, Limber S P. Electronic bullying among middle school students[J]. Journal of Adolescent Health, 2007, 41(6): S22-30.

④ 魏书圆.中学生网络欺凌问题及对策研究[D].新乡:河南师范大学,2019:27.

很容易因为年少无知和一时的鲁莽冲动而在网上滋事,骚扰、攻击、欺辱、诽谤他人。有专业人士分析,"群体情绪裹挟带来的群体极化、去中心化带来的'百无禁忌'、匿名化带来的'隐姓埋名'、碎片化带来的'只言片语'等,共同造成了网络空间的非理性交往,出现了网络谩骂、网络欺凌等道德失范现象"①。

群体极化理论比较适用于解释网络环境下网民互动形成的心理极化、意见极化和情绪极化现象。网络圈层狂欢,虚拟权力膨胀,不良情绪郁积与盲目偶像崇拜的交织,无疑是触发网络欺凌非理性行为的可见性因素。但是,"网络交流,不是在自家客厅里自说自话,需要尊重议事规则;公共空间,也不是锁在抽屉里的日记本,需要保持公共理性。有表达就有责任,有自由就有担当,有言论就有边界,每个人有了这样的主体意识、媒介素养,才能呵护好我们共同的集体生活,让我们这艘信息汪洋中的小船,不致被喧嚣的情绪吞噬和倾覆"②。

有研究结合自我—立方理论(I-cubed theory),从三个维度即煽动教唆(instigating)、刺激推动(impelling)和抑制约束(inhibiting)来研究年轻人在网络欺凌中表现出的攻击性行为,了解他们实施欺凌的动因,结果发现,自我控制能够有效缓冲或抑制霸凌他人的冲动,且这种自我控制效果不会因为性别差异而出现不同。③ 这有别于其他涉及性别因素的网络欺凌研究,并提供了一个新的视角来理解性别在煽动教唆、刺激推动和抑制约束三方面与网络欺凌行为的关系。

---

① 姚劲松,李维.网络语言与交往理性[M].宁波:宁波出版社,2021:180.

② 本报评论部.涵养媒介素质,才有最美和声——迎接网上"新集体生活"[N].人民日报,2015-02-26(005).

③ Randy Y M, Wong C M K, Cheung, B X. Does gender matter in cyberbullying perpetration? An empirical investigation[J]. Computers in Human Behavior, 2018(79): 247-257.

(三)日常生活的"零度状态"

网络技术和数字革命给人类的文化、经济和价值观带来的影响是多方面的。谷歌副总裁温特·瑟夫(Vint Cerf)指出,以社交网络革命、互联网革命和移动革命为代表的"三重革命""正在人们身边发生,并逐步改变着人际关系、家庭、工作等各方面的游戏规则。人们的社会生活已经从原先联系紧密的家庭、邻里社区和群体关系转向了更加广泛、松散、多元化的个人网络。一种新的社会结构正在形成"[①]。社交网络形塑了人们之间相互联系、工作、娱乐、一起学习和寻求帮助性信息的方式。但是,其中也包括许多破坏性的后果,譬如戏谑调侃、互撕谩骂、自我中心、摩擦对抗、泛娱乐化、粗鄙化、低品位等等。在 Web2.0 的世界中,我们的世界观和价值观、我们的文化正在遭遇大批"业余者"的攻击,人肉搜索、人身攻击、网络欺凌在网络匿名性的掩护下变得愈益肆无忌惮。"由于推崇自我展现,一些网站变成了呈现个人欲望和身份的舞台。它们虽然宣称是社交网站,但实际上已经变成方便个人展示自我的空间,个人的爱好和生活场景都可以在上面发布。这些毫无品位的网站滋生了大量身份不明的性爱狂和恋童癖者也就不足为奇了"[②]。网络中的社交角色见表 2-1。

表 2-1　网络中的社交角色

网络社交角色	典型行为	主要心理诉求
创作者	原创发布	展示生活状态,表达个性观点
谈论者	点赞	表达支持,或表示认同,维护社交关系
批评者	发表评论	表达明确意见,或支持,或反对,深化原创内容

---

① 李·雷尼,巴里·威尔曼.超越孤独:移动互联时代的生存之道[M].杨伯溆,高崇,等译. 北京:中国传媒大学出版社,2015:封底推荐.

② 王哲平.互联网视听传播的影响机理探析[J].中国编辑,2018(12):11.

续表

网络社交角色	典型行为	主要心理诉求
收集者	收藏文章	收集有价值的信息,以备查考利用
分享者	转发文章或评论	分享、传播有价值的信息
参加者	"互粉"、参与群组	构建网络社交关系
观察者	"围观"	不明确表达意见,表示"我关注事件进展"
	"潜水"	默默关注,了解他人的生活和思想,待需要时发声

资料来源:张艳红.虚拟社会与角色扮演[M].宁波:宁波出版社,2018:137.

在社会学家看来,日常生活应"是各种社会活动与社会制度结构的最深层次连接处,是一切文化现象的共同基础,也是导致总体性革命的策源地……现代社会的日常生活形态虽然摆脱了传统社会的物质生活贫困状态,却成了一个'消费受控制的官僚社会',而不是一个可供人们自由选择的休闲社会、丰裕社会"①。自从作为"第二自然"的网络世界横空出世以来,"现在的日常生活不仅仅被设计,还被完全媒体化或被大众媒体化了。日常生活成为一个巨大的图像—景观社会(德博特语),也就是鲍德里亚后来所说的符号消费社会、广告社会、信息社会、后现代社会"②。

列斐伏尔把"日常生活意义之根的消失与人们之间沟通的可能性的丧失"称之为"零度状态"。其言之凿凿的理据是,"由于技术控制理性化扩张导致了日常生活被殖民化过程,其中包括对符号领域的重构,这也就是列斐伏尔所说的现代日常生活的'符号拜物教'转向,即语言成为不

---

① 刘怀玉.现代性的平庸与神奇:列斐伏尔日常生活批判哲学的文本学解读[M].北京:中央编译出版社,2006:187.

② 刘怀玉.现代性的平庸与神奇:列斐伏尔日常生活批判哲学的文本学解读[M].北京:中央编译出版社,2006:247.

断增长的官僚统治与技术控制过程的主体"①。

值得深思的是,"符号的一时泛滥,取代了个人的能动,也取代了人们对社会的参与。随着大众媒体的传播,词语便被图像所取代。这些图像、男性的阳刚性感,社会大众化等等,都成为符码的形态,以便能够抚慰消费者……因拥挤不堪而孤独,因沟通信号的泛滥反使沟通匮乏"②。这就是说,数字时代的网民看似生活在信息过载的日常里,其实每天都在承受着难以诉说的孤独感。如此一来,日常生活便衍变成语言学上的"零度点"。

(四)家庭关系的联结弱化

家庭环境对孩子的成长有着十分重要的影响,父母的言传身教是孩子最好的老师,千百年来世人对此深信不疑。有研究者认为,"父母在孩子的成长过程中对孩子所造成的影响远比学校和社会对孩子的影响要大得多。对于孩子来说,身教要比言传重要得多,家长的一举一动都有可能被孩子看在眼里并加以模仿。如果在生活中,家长的暴力倾向比较严重,脾气比较暴躁,那么孩子日后成为欺凌者的概率就会提高。"③

家庭中父母之间的冲突通常让孩子感到缺乏亲情和温暖。父母之间发生的冲突或暴力行为有可能使孩子在日常的学习和生活中也表现得咄咄逼人,有失平和理智,容易欺负他人,具有较强的攻击性。一般来说,家庭暴力会直接影响孩子的情绪,使其形成压抑感,导致情绪混乱、自卑、缺乏自信、焦虑、抑郁甚至自残。另一个令人担忧的结果是,它还常常会使孩子仿效父母,用暴力形式(包括打架和斗殴等)作为解决他们

---

① 刘怀玉.现代性的平庸与神奇:列斐伏尔日常生活批判哲学的文本学解读[M].北京:中央编译出版社,2006:318-319.

② 刘怀玉.现代性的平庸与神奇:列斐伏尔日常生活批判哲学的文本学解读[M].北京:中央编译出版社,2006:320.

③ 魏书圆.中学生网络欺凌问题及对策研究[D].新乡:河南师范大学,2019:30.

年轻人自身问题的手段。伊巴拉和米切尔等学者的研究表明,与父母情感关系的好坏是影响青少年是否涉足网络欺凌的一个重要变量,"与父母关系紧张的青少年卷入网络欺凌的可能性是与父母关系融洽的青少年的两倍"[①]。由此可见,现实生活中的个体行为总是与其在所处的特定社会文化环境密切相关,人们若要探知某种行为的根源,只有在其经历的文化背景下来理解,才能获得实质性的意义。

在家庭因素的研究方面,不少研究关注通过何种手段可以有效预防网络欺凌行为的发生。校园与家庭是青年群体成长、学习过程中经常置身接触的两大生活场景。家庭是人类社会系统结构中最小的细胞,也是许多学者在研究青少年网络欺凌议题中集中关注的领域。其中的议题主要涉及父母与孩子之间的人际关系与行为互动,如亲子依恋(parent-children attachment)、父母监督(parental supervision)等。

家庭因素与网络欺凌之间存在一定的关系。家庭氛围与亲子之间的沟通模式在预测网络欺凌攻击者和受害者方面有一定的作用。网络欺凌受害者的家庭氛围和家庭沟通模式质量较低,常会出现与母亲的非公开沟通和与父亲的回避沟通模式。[②] 控制型养育方式容易导致孩子成为网络欺凌的受害者。[③] 挫折—攻击理论(frustration-aggression theory)视角下,家庭不文明程度较高会对孩子的成长造成慢性持续的

---

①　江根源.青少年网络暴力:一种网络社区与个体生活环境的互动建构行为[J].新闻大学,2012(1):123.

②　Buelga S, Martínez-Ferrer B, Cava M J. Differences in family climate and family communication among cyberbullies, cybervictims, and cyber bully-victims in adolescents[J]. Computers in Human Behavior, 2017(76): 164-173.

③　Katz I, Lemish D, Cohen R, Arden A. When parents are inconsistent: Parenting style and adolescents' involvement in cyberbullying[J]. Journal of Adolescence, 2019(74): 1-12.

伤害,从而导致他们成为网络欺凌的攻击者。[①] 父母对待网络欺凌的态度也在某种程度上体现第三人效应,父母认为其他孩子比自己的孩子更容易受到网络欺凌的伤害。[②]

网络欺凌发生时,受害者往往会在身心健康方面遭受不同程度的侵害,包括抑郁症状、创伤后应激症状,甚至会增加受害者成瘾行为的发生概率,比如出现了抽烟、酗酒、赌博甚至药物滥用等负面情况;同时,这些身心损伤也会反过来影响青少年与他人的人际关系处理。[③] 在帮助青少年受害者抵御网络欺凌方面,家庭成员之间的关系状况与人际互动能够在一定程度上降低网络欺凌的风险,起到有效的预防作用。依恋理论认为,亲子与父母长辈之间的依恋关系,能够影响其个体对于人际关系的感知、理解和处理。[④] 亲子依恋作为人际关系在家庭方面的一种表现形式,也能够帮助孩子在网络世界中处理人际互动中的冲突。当遭遇这种冲突时,拥有健康积极的亲子依恋关系的青少年,能够更好地处理和调整虚拟世界中的人际关系冲突,从而降低网络欺凌的风险,减弱网络欺凌造成的危害。[⑤]

---

① Bai Q Y, Bai S G, Huang Y Y, Hsueh F H, Wang P C. Family incivility and cyberbullying in adolescence: A moderated mediation model[J]. Computers in Human Behavior, 2020(110): 106315.1-106315.8.

② Ho S S, Lwin M O, Yee A Z H, Sng J R H, Chen L. Parents' responses to cyberbullying effects: How third-person perception influences support for legislation and parental mediation strategies[J]. Computers in Human Behavior, 2019(92): 373-380..

③ Zhu Y H, Li W, O'Brien J E, Liu T. Parent-child attachment moderates the associations between cyberbullying victimization and adolescents health/mental health problems: An exploration of cyberbullying victimization among chinese adolescents[J]. Journal of Interpersonal Violence, 2021, 36(17-18):NP9272-NP9298.

④ Bowlby J, Ainsworth M D S, Fry M. Child care and the growth of love[M]. Harmondsworth, UK: Penguin, 1953.

⑤ Larrañaga E, Yubero S, Ovejero A, Navarro R. Loneliness, parent-child communication and cyberbullying victimization among Spanish youths[J]. Computers in Human Behavior, 2016 (65): 1-8.

父母监督是降低网络欺凌风险的一种重要预防手段。不少学者的研究已经证实了父母监督与网络欺凌存在一定的联系。[①] 父母对孩子的关怀和监督能够在一定程度上帮助孩子化解网络冲突中的问题,但因性别差异会显示出不同程度的预防效果,且这种效果在时间维度上呈现出不同程度的变化。[②] 父母监督除了能够帮助遭受欺凌的孩子免受更多的伤害之外,还能在他们的成长过程中有效地筑起防护屏障,洞察并抵御那些潜在的风险。有研究表明,从社会—生态/背景理论(social-ecological/contextual theory)来看,个体的强冲动型性格和高频的邻里暴力行径会增强青少年参与网络霸凌他人的倾向。尽管如此,父母监督能够很好地缓解甚至遏制孩子实施网络欺凌的念头,从而防止孩子误入歧途。[③]

除了父母监督以外,亲子关系的和谐与否与网络欺凌也有一定的关联。父母与孩子之间的关系可以体现在不同方面。在亲子沟通方面,父母与孩子的沟通(parent-child communication)情况与孩子遭受网络欺凌的程度有一定的关系。家庭环境中的消极沟通模式是导致孩子遭受网络欺凌的一个潜在风险因素。与未遭受网络欺凌的群体相比,遭受网络欺凌的受害者的孤独感更强烈,与父母之间的沟通问题更多;相反,未

① Elsaesser C, Russell B, Ohannessian C M, Patton D. Parenting in a digital age: A review of parents' role in preventing adolescent cyberbullying[J]. Aggression and Violent Behavior, 2017 (35): 62-72.

② Song H, Lee Y, Kim J. Gender differences in the link between cyberbullying and parental supervision trajectories[J]. Crime & Delinquency, 2020, 66(13-14): 1914-1936.

③ Khoury-Kassabri M, Mishna F, Massarwi A A. Cyberbullying perpetration by Arab youth: The direct and interactive role of individual, family, and neighborhood characteristics[J]. Journal of Interpersonal Violence, 2019(12): 2498-2524.

遭网络欺凌的孩子表示与父母的沟通状况良好,孤独感较弱。^① 同时该研究还发现,拥有较好的亲子依恋关系的受害者能够减弱欺凌对身心健康产生的负面影响。^②

切斯特等的研究指出,"父亲在保护孩子免受网络欺凌方面发挥着特别重要的作用,那些很容易和父亲沟通的孩子受到网络欺凌的概率低于那些和父亲沟通困难的孩子。调查发现,那些喜欢和家人分享他们认为重要的事情的孩子,以及想要倾述他们的想法时,能够得到家人耐心倾听的孩子,在过去两个月阐述自己遭受网络欺凌的可能性较小"^③。

相反,"一些网络欺凌者成长早期曾受到过父母的欺凌,这说明孩子往往将家庭中习得的行为带入同学和网络情景之中。除此之外,不少家长对于电子工具规范使用的认识不足,教育孩子的方式欠妥,监管孩子上网行为的力度不够,这都会对欺凌行为的有效控制产生不利影响"^④。

(五)特定同伴的压力传导

我们对网络欺凌问题的考察与探究,"既不能只停留于将其作为一种心理宣泄现象的浅层解读,更不能将其简单地归结为一种现代技术发展的负面效应,而应该从风险社会理论的视角入手,获得更为全面和透

① Larrañaga E, Yubero S, Ovejero A, Navarro R. Loneliness, parent-child communication and cyberbullying victimization among Spanish youths[J]. Computers in Human Behavior, 2016 (65): 1-8.

② Yuhong Zhu, Wen Li, Jennifer E. O'Brien, Tingting Liu. Parent-child attachment moderates the associations between cyberbullying victimization and adolescents health/mental health problems: An exploration of cyberbullying victimization among chinese adolescents[J]. Journal of Interpersonal Violence 2021, 36(17-18), NP9272-NP9298.

③ Chester K L, Magnusson J, Klemera E, Spencer N H, Brooks F M. The mitigating role of ecological health assets in adolescent cyberbullying victimization[J]. Youth Soc, 2016. doi: 10. 1177/0044118X 16673281.

④ 古丽米拉·艾尼.校园网络欺凌:法律界定及治理对策[J].黄河科技学院学报,2017(4): 115.

彻的认知"①。从历史文化背景的语境审视网络欺凌行为,尝试理解当代青少年的思维方式、认知与行为特点,或许可以从更加开阔的视野和维度去溯源探赜,避免简单地就事论事,或对某种理论框架的生吞活剥,从而更好地因势利导。

马来西亚学者魏马拉(Vimala)从社会文化、心理和技术(sociocul-tural-psychology-technology factors)等因素的综合视角出发,以亚洲地区 17—36 岁的人群为研究样本(N=399),探索亚洲地区网络欺凌的模型,挖掘网络欺凌行为背后的动机意图,以期将其作为可归纳的预测因素。该成果揭示了具有预测网络欺凌意图的五个子因素,即社会影响和社会可接受性(社会文化)、可用性和易用性(技术)以及娱乐性(心理学),并发现其中社会文化因素的影响最大,之后是技术和心理学因素。② 网络欺凌与青少年学生的不良交往密切相关。通常认为,不认同社会道德和法制观念的学生,比较容易加入不良群体并逐步滑向犯罪。③

澳大利亚学者帕特利亚(Petrea)从识别(identification)、管理(management)和预防(prevention)这三个环节设计了便于教育工作衡量和检测学生群体中的网络欺凌行为的网络欺凌框架,每个环节又对上述三个环节进行了具体的概念操作化,设有三级和四级指标。④

从学生所属班级集体的社会属性视角切入网络欺凌的成因分析,可以获得更多新的认识。"Salmivalli、Huttunen 和 Lagerspetz 发现,网络

① 姜方炳."网络暴力":概念、根源及其应对——基于风险社会的分析视角[J].浙江学刊,2011(6):183.

② Vimala B. Unraveling the underlying factors SCulPT-ing cyberbullying behaviours among Malaysian young adults[J]. Computers in Human Behavior, 2017(75):194-205.

③ 宋荣绪.不良交往与青少年犯罪[J].铁道警官高等专科学校学报,2004(3):72.

④ Petrea R, Jennifer V L, Victoria S. Developing a cyberbullying conceptual framework for educators[J]. Technology in Society, 2020(60):1-8.

欺凌发生在特定的学生结构中:班级中小集团越多,网络欺凌的案例就越多,欺凌者通常为了在群体内达到某种社会效果,比如强化自己的群体地位或者吸引更多支持者,而与其他欺凌者建立关系,在这些关系网络中的其他学生也较为支持欺凌的行为,处于这种氛围的青少年也更容易产生欺凌行为。"[1]

美国埃默里大学教授马克·鲍尔莱因在《最愚蠢的一代》一书中,对Facebook 等社交网站导致未成年人 24 小时与它"腻在一起"的行为表示了极大的厌恶,"最愚蠢的一代的病根不是学校,也不是工作,而是他们钟情的游戏、社交网络以及消费支出"[2]。他认为,青少年正值构建群体认同和身份认同的特殊阶段,"他们思考性、死亡,他们孤独、害怕,他们必须寻找同盟,他们必须稳固自己,通过模仿别人。他们需要社交,而数字工具前所未有地强化了这种需求"[3]。不仅如此,青少年的"同辈压力"(peer pressure)也驱使他们在行事、话语、着装等方面常常不得不保持与同伴一致。为此,主动前置一些具有威慑性的措施,选择有能力的监护(同龄人、父母、老师和学校行政人员),不失为有效预防和抑制网络欺凌行为最重要的手段。

可以肯定的是,在"朋友圈"等社交平台对于涉及网络欺凌行为的文字、图片、视频、评论、截图等的转发,无疑会造成对被欺凌者的二次伤害。网友对欺凌信息的转发传播,实际上使其从信息的接受者一跃成为信息的传播者,主体身份的改变,意味着其所承担的责任也有了相应改变。看似单纯的"转发""分享",内里隐藏着传播者的某种态度、情感、立场和观点,间接表达了传播者的认同、重视甚或赞赏的价值取向。故此,当我们面对有关网络欺凌行为的新闻报道或信息传播时,"三思而后转"

---

① 方伟.社会建构理论框架下的青少年网络欺凌[J].中国青年社会科学,2015(4):63.
②③ 马克·鲍尔莱因.最愚蠢的一代[M].杨蕾,译.天津:天津社会科学院出版社,2011:45.

实为一种理性与良善之举。

（六）角色游戏的扮演误读

游戏是人们的"快乐引擎"。游戏增强了人们的快乐、灵活和创造力，赋予人们改变社会生活的情境和力量。在希斯赞特米哈伊看来，游戏能够带给人们令人难以置信的心流体验。心流活动纯粹是为了享受而完成的，并非出于对地位、金钱或责任的追求。"'游戏化'通过把游戏中对于人的欲望不断强化并带来效益的机理引入活动行为之中，把平凡的体验变得'不平凡'，进而牢牢虏获用户的心。在一个真正以'个人为中心'的新'体验经济'时代，产品的使用价值正在被慢慢边缘化，但以'满足人内心欲望'为中心的体验价值正慢慢占据人们日常决策的核心位置。"[1]

柯蒂斯指出，在多用户网络游戏中大量的个人描述是"神秘但明显强大有力的"人物，这意味着虚拟世界中角色的发展足以成为实现愿望的一次演习。如果一个人能在线扮演（并且被感知为）某种类型的角色，那么这足以激励他在现实中去塑造一个相似的角色。[2] 研究表明，"角色扮演和身份建构作为在线互动的基础只占互联网社交的极小部分，而且这种应用似乎主要集中在十来岁的小孩中间"[3]。角色扮演游戏以其拟态环境下的故事设定、结构化规则和角色体验赢得了世界各国无数青少年玩家的青睐，其中尤以风靡全球的《魔兽世界》最为引人入胜。伴随《魔兽世界》等网络游戏成长起来的青少年玩家，在沉浸式体验中获得了直接作用于虚拟世界的力量和真实的能动性，在冒险、完成任务、新的历险、探索未知的世界、征服怪物的循环往复中实现其本质力量的对象化。

---

[1] 王哲平.互联网视听传播的影响机理探析[J].中国编辑,2018(12):11.

[2] 亚当·乔伊森.网络行为心理学:虚拟世界与真实生活[M].任衍具,魏玲,译.北京:商务印书馆,2010:127.

[3] 曼纽尔·卡斯特.网络星河:对互联网、商业和社会的反思[M].郑波,武炜,译.北京:社会科学文献出版社,2007:129.

长时间的场景浸淫和角色体验,潜移默化地影响了他们的思维方式、认知行为和价值取向。一些青少年之所以发生网络欺凌行为,相当一部分原因是他们错把网络欺凌看作角色扮演游戏,误将虚拟的游戏世界代入真实的现实世界,试图从同侪身上寻得"征服者"的快感和"英雄"的成就感。在游戏过程中,有的玩家会喜欢选择丑化他人图片的方式欺凌他人,他们认为如此这般比较搞笑、有意思、好玩开心,孰不知他们的认知偏差已导致其僭越了道德或法律底线,他们的行为将带来始料不及的严重后果。

第三章　网络欺凌治理的国际经验[①]

当今的时代既是一个丰富多彩、开放进步的时代,也是一个充满危险和变数的时代。互联网在全球的广泛应用不仅导致了信息在世界范围内的快速、自由流动,也溢生出新的社会不稳定因素。网络欺凌的全球蔓延对世界各国如何积极开展国际合作、构建有效的预防与治理机制提出了前所未有的挑战。据"联合国教科文组织 2018 年发布《学校暴力和欺凌:全球现状和趋势,驱动因素和后果》的摘要报告显示,世界 144 个国家和地区,在校 1/3 的青少年遭受欺凌"[②]。面对网络欺凌呈现出的蔓延态势,如何保障青少年的在线安全,成为各国共同关注的难题。

"互联网治理是国家与市民社会跨国政策目标中的国际冲突焦点。"[③]为防治青少年网络欺凌,各国积极采取应对措施,并呈现出一些差异性。各国最明显的不同之处体现在网络欺凌治理相应对策的着力点和侧重面。例如,美国注重法律规制,不同于其他国家通过修订基本法的相关条例来规制网络欺凌,美国各州纷纷出台专门的单行法来实现

[①]　王凌羽."网络欺凌"治理的国际经验初探[D].杭州:浙江工业大学,2017:15-26.

[②]　马娇.澳大利亚青少年校园欺凌现象及防治策略研究[D].西安:陕西师范大学,2019:1.

[③]　Mueller M L. Networks and states:The global politics of internet governance[M]. Boston:MIT Press,2010:1.

规制网络欺凌的目的。而英国、加拿大等国家则从青少年本身入手,通过构建数字公民教育体系,提升青少年的网络空间道德意识、责任意识和安全意识,增强主体内在的自律,达到防治网络欺凌的目的。西班牙的干预措施"ConRed 网络欺凌预防计划"包括由外部专家协调的针对学生、教师和家长的每周八次的培训。它不仅提高了学生、教师和家长对网络安全问题的认识,还减少了学生参与网络欺凌的情况,以及受害者和施暴者的网络成瘾(Ortega-Ruiz et al.,2012)。[1] 有鉴于此,网络欺凌治理在全球规制信息与传播的时代产生大量的创新制度乃是势所必然。

一、美国:完备法律规制

(一)美国网络欺凌现象概述

美国的网络欺凌现象与其技术发展的迅速密不可分。早在互联网技术兴起初期,美国青少年就遭受网络欺凌的影响。根据美国疾病控制预防中心的统计数据,从 2000 年到 2005 年,美国青少年遭遇网络欺凌的案件增加了 50%,案件数量从 2000 年的 6% 增加到 2005 年的 9%。[2] 而在 2005 年,有学者进行了专门针对网络欺凌的学术研究,佛罗里达州大西洋犯罪学和犯罪司法学教授撒穆尔·辛杜佳参与的一项调查发现,在 1500 名接受调查的青少年中,遭遇网络欺凌的占到 34%,而见识网络欺凌的占到了 80%。[3]

随着网络社会的发展和网络匿名性带来的弊端,网络欺凌现象渗透

---

① Izabela Zych, Anna C. Baldry, David P. Farrington. School Bullying and Cyberbullying: Prevalence, Characteristics, Outcomes, and Prevention[J]. Handbook of Behavioral Criminology, 2017(12):113-138.

② 校园"网络暴力"危害青少年 女生受伤害几率较高[N]. 广州日报,2007-12-4.

③ 姚建平.国际青少年网络伤害及其应对策略[J].山东警察学院学报,2011(1):98.

到美国青少年的日常生活中。在美国著名的反欺凌网站"nobullying"中，不乏大量关于网络欺凌的案例和统计报告。在一份关于美国青少年的网络欺凌状况的统计报告中，统计结果显示（见表 3-1），有 52％的青少年遭受过网络欺凌，其中有 11％的青少年感到受伤害是因为他人未经允许，通过手机发布了自己的照片。2010 年，美国大学生拉维用网络摄像头偷拍其同性恋室友克莱门蒂与同性伴侣亲吻的场景，并将视频发布到社交网站 Twitter 上，导致克莱门蒂从乔治·华盛顿大桥上跳水自杀。2013 年，美国加州 15 岁少女奥德丽·波特醉酒后遭三名男孩脱衣性侵，并被拍下现场照片上传到网上，导致其不堪其辱自杀身亡。在遭受网络欺凌的青少年中，有 52％的人选择不告诉自己的父母。这有几方面原因，一些人害怕告知父母后会使得欺凌情况更为严重；一些人对自己遭受欺凌感到羞愧，或者认为是自己的错误所导致的；另一些人认为父母无法理解或者相信自己。此外，还有一种更有说服力的解释，即青少年过于依赖网络，他们担心告知父母后，自己会被剥夺上网的权利。①

其中，美国青少年网络欺凌第一次因为社会新闻引起人们的广泛关注是 2007 年的"梅根案"。2007 年，美国一位 13 岁的少女梅根在网上结识了名为"乔希"的"男生"，并对其有好感，六周之后，"乔希"突然开始不断羞辱和谩骂梅根，梅根不堪忍受，最终选择上吊自杀。事后查明，"乔希"并不存在，是梅根的邻居为了捉弄和报复梅根而虚构的人物。这一案件直接催生了美国 2009 年 4 月出台的"梅根·梅尔网络欺凌预防法"。

---

① 王凌羽."网络欺凌"治理的国际经验初探[D].杭州:浙江工业大学,2017:16.

表 3-1　美国卫生部、司法统计局和网络欺凌研究中心关于美国青少年网络欺凌状况的统计

Percent of students who reported being cyberbullied	53%
Teens who have experienced cyberthreats online	33%
Teens who have been bullied repeatedly through their cell phones or the Internet	25%
Teens who do not tell their parents when cyberbullying occurs	52%
Percent of teens who have had embarrassing or damaging pictures taken of themselves without their permission, often using cell phone cameras	11%

(二)美国网络欺凌治理的法律规制

美国是信息技术最发达的国家,社会开放程度较高,未成年人接触网络和拥有手机的比例也居世界前列,网络欺凌问题在美国呈现出普遍性和常态化。同时,美国有较为完善的法律体系,也有立法先行的传统。在互联网治理中,美国陆续出台了大量法律文件规范公民的网络行为,也对未成年人网络信息实行了严格的保护。法律规制是美国治理网络欺凌的鲜明特色(见表 3-2)。

表 3-2　美国关于治理网络欺凌问题的代表性法律法规

时间(年)	法案	关键点
1998	《儿童在线保护法案》	禁止网站提供有害信息
1998	《儿童在线隐私保护法案》	儿童信息隐私保护
2000	《儿童互联网保护法案》	公共网络空间提供过滤软件
2008	《21世纪儿童保护法案》	学校在网络安全方面提供必要指导
2009	《梅根·梅尔网络欺凌预防法》	网络欺凌适用刑法骚扰罪

2009 年,由著名的"梅根案"命名的《梅根·梅尔网络欺凌预防法》是美国第一部专门针对网络欺凌的法案。该法案规定,在网上故意骚扰他人,并对他人造成伤害的,适用刑法中的骚扰罪,被告人将被处以罚金或两年以下有期徒刑。[1]

事实上,美国国会早在 1998 年就通过了一部《儿童在线保护法案》(Child Online Protection Act,COPA),该法案禁止网站向未成年人提供有害信息,并且对违法网站予以明确处罚。同年 10 月,美国又通过了《儿童在线隐私保护法案》(Children's Online Privacy Protection Act,COPPA)。这一法案对所有持有儿童信息的网络机构提出了隐私保护的要求,规定商业网站必须得到其监护人的许可,才能获取未满 13 周岁的儿童的相关信息。[2] 如果某一机构泄漏了儿童的个人隐私数据,而这些数据又涉及对儿童的犯罪活动,那么该机构将被起诉。[3] 2000 年 12 月,美国再次通过了一部相关法案,即《儿童互联网保护法案》(The Children's Internet Protection Act,CIPA)。该法案要求那些获得联邦资助购买计算机或接入网络的学校和图书馆必须采取网络安全措施和技术保护措施,如安装相应的过滤软件,以屏蔽不适宜未成年人的内容。[4] 可以认为,在 2000 年以前,美国就形成了针对儿童互联网保护的法规体系,提供了较为完备的法律保障。

然而,网络欺凌现象演变的脚步并未停止,"梅根案"发生三年后,2010 年的"克莱门蒂案"再一次给美国青少年网络欺凌问题敲响了警

---

[1]　Bauman S. Cyberbullying：What counselors need to know[M]. Alexandria, VA ：American Counseling Association，2011.

[2]　蒋俏蕾,陈宗海.未成年人网络保护:理念、内容与路径[J].预防青少年犯罪研究,2021(1):29.

[3]　Valentine, Debra. Lecture：About Privacy：Protecting the consumer on the global information infrastructure[J]. Yale Journal of Law & Technology, 1999, 29(1-2)：71-79.

[4]　卢家银.未成年人网络立法保护的国际视野与中国经验[J].教育传媒研究,2016(4):92.

钟。克莱门蒂是罗格斯大学一名有同性恋倾向的大一新生,在学校被室友偷拍到与同性的不雅视频,并上传到网络。不久,他由于不堪忍受痛苦而自杀。这一案件迅速占据了国际新闻头条,但因为尚无法可依,这一网络欺凌行为仅受到了轻微处罚。[①] 该案很快推动了美国相关立法的进程,面对愈加严峻的网络欺凌形势,美国多部法律针对网络欺凌现象推出了修正案,如 2012 年 12 月 19 日,美国出台了《儿童互联网保护法》最终修正案,这一修正案扩展了关于个人信息的定义和目标对象的范围,从而进一步加强了对青少年互联网信息的保护。

美国《残疾人法案》第二条(Title Ⅱ Claims)明确规定,"如果学生之间因种族、肤色、国籍、性别及残疾而发生网络欺凌,且学区工作人员未妥善处置或置之不理,学区就可能会因违反民事权利法规及教育部颁布的实施条例而承担相应的法律责任"[②]。

美国各州也纷纷出台相关法律,如今,全美已有 44 个州(83%)正式将网络欺凌划入刑事犯罪[③],另有 45 个州设置了学校对网络欺凌惩戒的内容规定,许多州政府的教育主管部门还要求学校向上级呈递网络欺凌及惩戒事实报告(见表 3-3)。

---

① Fenn M. A web of liability: Does new cyberbullying legislation put public schools in a sticky situation? [J]. Fordham Law Review, 2013(81): 2729-2748.

② 马焕灵.美国残疾学生校园欺凌案件学区法律责任——起诉依据、认定标准与司法瓶颈[J].比较教育研究,2019(6):76.

③ 曹丽萍,马焕灵.美国网络欺凌治理缘起、理念及路径[J].上海教育科研,2022(6):33.

表 3-3 美国各州网络欺凌立法情况

州	包括网络欺凌或在线骚扰	网络欺凌或电子骚扰的刑事制裁	学校对网络欺凌的制裁	学校政策	涵盖校外
亚拉巴马州	是	是	否	是	否
阿拉斯加州	否	是	是	是	否
亚利桑那州	是	是	是	是	否
阿肯色州	是	是	是	是	是
加利福尼亚州	是	是	是	是	是
科罗拉多州	是	是	是	是	否
康涅狄格州	是	是	是	是	是
特拉华州	是	是	是	是	否
佛罗里达州	是	是	是	是	是
佐治亚州	是	是	是	是	提议
夏威夷州	是	是	是	是	否
爱达荷州	是	是	是	是	否
伊利诺伊州	是	是	是	是	是
印第安纳州	是	是	是	是	否
艾奥瓦州	是	是	是	是	否
堪萨斯州	是	是	是	是	否
肯塔基州	是	是	是	是	否
路易斯安那州	是	是	是	是	是
缅因州	是	否	是	是	否
马里兰州	是	是	是	是	否
马萨诸塞州	是	是	是	是	是
密歇根州	是	是	否	是	是
明尼苏达州	是	否	是	是	是
密西西比州	是	是	是	是	否
密苏里州	是	是	是	是	否
蒙大拿州	是	是	否	是	否
内布拉斯加州	是	否	是	是	提议

续表

州	包括网络欺凌或在线骚扰	网络欺凌或电子骚扰的刑事制裁	学校对网络欺凌的制裁	学校政策	涵盖校外
内华达州	是	是	否	是	否
新罕布什尔州	是	否	否	是	是
新泽西州	是	是	是	是	是
新墨西哥州	是	否	是	是	否
纽约州	是	是	是	是	是
北卡罗来纳州	是	是	是	是	否
北达科他州	是	是	是	是	否
俄亥俄州	是	是	是	是	否
俄克拉荷马州	是	是	是	是	否
俄勒冈州	是	是	是	是	是
宾夕法尼亚州	是	是	是	是	是
罗德岛州	是	是	是	是	否
南卡罗来纳州	是	是	是	是	否
南达科他州	是	是	是	是	是
田纳西州	是	是	是	是	是
得克萨斯州	是	是	是	是	是
犹他州	是	是	是	是	否
佛蒙特州	是	是	是	是	是
弗吉尼亚州	是	是	是	是	否
华盛顿州	是	是	是	是	否
西弗吉尼亚州	是	是	是	是	否
威斯康星州	是	是	是	是	否
怀俄明州	是	否	是	是	否
总计	48	44	45	49	17
联邦	提议-2009	提议	否	否	否
哥伦比亚特区	是	否	是	是	是

来源：State cyberbullying laws：A brief review state cyberbullying laws and policies[EB/OL].
(2021-02-18)[2022-01-28]. Https://Cyberbullying. org/bullying-and-Cyberbullying-laws. pdf.

　　美国的联邦制使得其各州可以根据本地的实际情况因地制宜。在华盛顿州颁布的《华盛顿州反网络欺凌法》里规定,"该州由州学校校长协会(Washington State School Director's Association,WSSDA)成立反网络欺凌指导中心,该机构由专业心理医生、学生家长代表、教育行政人员、社工、高校教师等组成,拟定学校反欺凌政策模型,参与学校反欺凌的防止工作计划提供培训、建议和支持"①。

　　据刘业青、林杰的研究,"美国联邦和州为学校采取网络欺凌的惩戒确定了基本原则与要求。教育部有关政策的内容中渗透了四个核心原则:包容性、系统性、规范性、灵活性(见表 3-4),目的在于促进公平有效的惩戒措施实施,使学校对所有学生而言都是安全、支持和包容的"②。

表 3-4　美国联邦教育部的惩戒措施原则

原则	内涵	体现
包容性	禁止体罚,慎用、少用排斥性惩戒	一方面划定使用排斥性惩戒的特殊情况,另一方面鼓励采用排斥性惩戒的替代方法,如接受特定课程教育、心理咨询与辅导等,目的是以积极的方式解决网络欺凌问题。
系统性	前有干预,中有惩戒,后有安置	惩戒前有制止或警告性处理,若效果不佳则实施适当的惩戒;惩戒决策这一过程中不得剥夺学生受教育机会;惩戒后给予返学继续教育机会,或提供其他替代教育。
	持续性	措施是系统的,即时的一次性干预与长期的监督和教育结合。

① 吴亮.学生网络欺凌的法律规制:美国经验[J].比较教育研究,2018(10):57.
② 刘业青,林杰.网络欺凌的学校惩戒:美国的判例与经验[J].现代传播,2021(1):166.

续表

原则	内涵	体现
规范性	有理有据	学校的惩戒条件是必须触犯校规法纪或造成实质性干扰，且能提供证据，同时要求对惩戒规定定期审查和更新。
	程序与规则	惩戒实施必须符合程序，且惩戒措施有其规则要求，尤其是排斥性惩戒，如要求设置停学的最多天数。
	客观公平	重视对学校管理者与教职工的培训，避免惩戒中的偏见，尤其是性别、国籍、种族、残疾等歧视问题。
灵活性	酌情裁策，分级后果	根据行为严重性与惩戒程度对应，例如骚扰与其他欺凌形式的惩戒存在差异，尤其是划出排斥性惩戒使用情况，以约束学校惩戒的权力边界。
	特殊考量	年龄（未成年慎用、幼儿几乎禁用排斥性惩戒）、特殊学生（残疾学生的惩戒需符合特殊教育法的有关规定）。

来源：根据 U. S. Department of Education, Laws & Guidance. School climate and discipline: Federal efforts［EB/OL］.［2022-01-28］. https://www2. ed. gov/policy/gen/guid/school-discipline/fedefforts. html 中多个文件整理制成。

（三）美国网络欺凌治理经验的启示

1. 实施特点

美国是立法惩处网络欺凌行为最严格的国家，同时也是最为崇尚言论自由的国家，美国《宪法》第一修正案制定以来，关于言论自由边界问题的讨论就层出不穷。在对网络欺凌问题的立法规制中，对网络言论管控是否侵犯言论自由的担忧也对相关法律的实施构成了一定障碍。

2012 年 9 月，Facebook 公司向美国联邦贸易委员会（Federal Trade Commission，FTC）提交文件，提出《儿童在线隐私保护法案（Children's Online Privacy Protection Act，COPPA）》的修正提案侵犯了言论自由权。因为 COPPA 的修正案为了避免儿童遭受网络欺凌的风险，对网站收集儿童信息，以及儿童"点赞""评论""推荐"等行为作出了限制，违反了美国《宪法》第一修正案。不仅是互联网公司,在学校里,对涉及实施网络欺凌的学生的处理也面临着同样的问题:如何搜查涉事学生信息并作出惩处? 如何在不侵犯隐私权的前提下进行前期规避(例如监控上网记录等)? 这些都是困扰学校管理人员的难题。关于这一问题的争议贯穿了整个法案的实施和修改过程,呈现出复杂性和局限性。[①]

但与此同时,美国的实践也表明,无论在现实空间还是网络空间中,言论自由并非绝对的自由。最早提出"自由、平等、博爱"口号的是法国。法国《人权和公民权宣言》第四条规定:"自由就是有权从事一切无害于他人的行为。因此,各人的自然权利的行使,只以保证社会上其他成员能享有同样权利为限制。此等限制仅得由法律规定之。"第十一条规定:"各个公民都有言论、著述和出版的自由,但在法律所规定的情况下,应对滥用此项自由担负责任。"

由此可见,自由是相对的,在法律上是有限度的,国家可以也应当依法管理网络言论。为所欲为的"绝对自由"在世界上是不存在的。那种标榜"绝对自由"的人不是对自由的无知,就是别有用心。卢梭曾把法律比作"一种有益而温柔的枷锁""如果人民企图摆脱约束,则他们就更加远离了自由。因为他们把与约束相对立的那种放肆无羁误解为自由"。考虑到美国宪法对网络言论自由的保障,在青少年发表言论之前就规定受到禁止的言论类型,制定完善的管制规则,仍然有助于遏制网络欺凌现象,让每个人为自己的不当言论负责,进而保护青少年远离伤害。

2. 借鉴意义

美国是英美法系国家,也是联邦制国家,其法律渊源、立法体系及法律文化传统与我国有较大区别,司法实践具有鲜明的本土性,简单复制

---

① 王凌羽.“网络欺凌”治理的国际经验初探[D].杭州:浙江工业大学,2017:19.

美国的法律规制策略会导致水土不服,但从美国治理网络欺凌的立法历程来看,其丰富的治理经验不乏借鉴意义。与美国的立法现状相比,我国有关网络欺凌的立法存在诸多方面的欠缺。如,缺乏专门针对网络欺凌的单行法律、法规,涉及网络欺凌(如侮辱罪、诽谤罪、网络侵权等)的刑事和民事法律、法规还有待细化,对网络欺凌受害者的精神损害保护欠缺等。为弥补以上不足,加强对网络欺凌行为的法律规制,保护网络欺凌受害者的合法权益,有必要在立法层面借鉴美国的立法成果。

首先,与美国相比,我国法律对于青少年互联网使用的保护力度不足。虽然我国针对网络欺凌的立法已经提上议程,如 2017 年 1 月 6 日国务院法制办公室公布了《未成年人网络保护条例(送审稿)》,并就该送审稿发布了公开征求意见的通知,但该条例至今仍未正式通过。目前我国还没有专门针对网络欺凌的单行法律、法规,对网络欺凌行为的立法规制缺乏具有针对性的法律依据,导致了针对网络欺凌的法律规制缺乏可操作性。新制定的《中华人民共和国民法典》人格权编对肖像权、名誉权和荣誉权、隐私权和个人信息保护等可能成为网络欺凌对象的客体,作出了全新的规定,侵权责任编中对网络侵权责任也作出了规定,但上述规定或者对网络欺凌的规定较为笼统、有待细化,或者缺乏对网络欺凌的针对性,有必要加强对网络欺凌责任主体、保护措施、法律责任等方面的细化。其次,在个人隐私信息保护方面,我国对于未成年人隐私的法律保护主要体现在《中华人民共和国未成年人保护法》中,但其并未针对网络环境的特点作出具体规定。而美国则订立和修改了多部法案,在法律条文中,将青少年的信息隐私保护细化到了各个部门和机构,例如网站(不允许储存 cookies)、学校(设置屏蔽和过滤系统)和商业组织(限制评论和访问)等。此外,我国对网络空间中青少年的名誉权的保护意识也比较淡薄,对网络人身攻击和辱骂等行为没有惩处措施,即使造成严重后果,也无法可依。而美国则对不同情形的网络欺凌现象作出了具体定义和处罚规则,甚至纳入刑责。

虽然美国针对网络欺凌的法律规制与言论自由和产业发展等方面还存在一定冲突,但通过立法明确责任主体的治理模式仍然是遏制网络欺凌行为的基础,"法律是治国之重器,良法是善治之前提"[①],规范青少年网络行为,加强互联网内容监督管理,仍需有法可依。

二、英国:健全信息服务

(一)英国网络欺凌现象概述

英国教育部将网络欺凌定义为"个体或者群体通过短信或者互联网的方式,持续针对无力保护自身的受害者的有意的攻击行为",并认为网络欺凌是通过智能手机和平板电脑在网上发生的任何形式的欺凌行为。[②]

英国青少年使用互联网的频率非常高,英国通信管理局(The Office of Communications,Ofcom)的统计报告显示,英国大多数12—15岁的青少年现在都可以上网,无论是通过智能手机还是平板电脑,都频繁地使用网络。[③] 有学者研究发现,"英国的青少年在学校和家里都有较长的上网时间,他们的上网时间要比欧洲的平均时间长。几乎所有年龄在8—17岁之间的青少年都报告称使用互联网,大约有80%的家庭有青少年使用网络。12—15岁年龄段的青少年平均每周花费17.2小时使用

---

① 王利明.法治:良法与善治[J].中国人民大学学报,2015(2):114.

② Department for Education. Preventing and tackling bullying[EB/OL].[2016-03-18].https://www.gov.uk/govermment/uploads/system/uploads/attachment_date/fine/444862/preventing_and tackling_bullying_advice.

③ Ofcom. Children and parents:Media use and attitudes report[EB/OL].[2022-10-20].http://stakeholders.ofcom.org.uk/binaries/research/media-literacy/october-2013/research 07Oct 2013.pdf.

互联网"[①]。

在英国,所有学校都不同程度地存在网络欺凌现象,即便是享有较好社会声誉的私立学校也不例外。英国市场研究局(British Market Research Bureau,BMRB)曾对英格兰 1163 位家长进行了访问,结果显示,89%的受访家长认为网络暴力造成的危害和其他暴力同等严重,54%的受访家长说他们未曾和孩子就如何保护自己不受网络暴力的侵害而进行沟通。英国"反欺凌联盟"主席克里斯托夫·克洛克指出,"我们已经了解到全国 22%的中学生已经受到网络暴力的侵害,但是直到现在才知道年龄更小的孩子们也难以幸免"[②]。2008 年 6 月,英国格劳斯特郡 13 岁男孩山姆·里森不堪忍受个人博客上出现的大量取笑、攻击、辱骂他的留言,丧失了活下去的勇气,最后选择在自己的卧室里上吊自杀。[③] 2013 年 8 月,英国一名患有湿疹的 14 岁女生汉娜·史密斯,把她的照片放到其注册的 Ask.fm 个人主页上,以期得到外界的帮助。然而始料不及的是,网上的回帖和评论充斥着各种"毒舌"般的谩骂和诅咒,如"丑女""肥婆""帮帮忙去死吧"等等。一连数月的恶言恶语令汉娜精神崩溃,最终在家上吊结束了自己年轻的生命。[④]

"英国防止虐待儿童协会(National Society for the Prevention of Cruelty to Children,NSPCC)公布的数据显示,过去 5 年,英国青少年关于网络欺凌的咨询量增加了 88%。"而遭受网络欺凌的青少年的实际数量要远远高于报道的数量。[⑤] 根据英国发布的调查报告,三分之一的英

① 金悦.英国中小学网络欺凌及其治理对策研究[D].长春:东北师范大学,2018:14.
② 李忠东.英国加大"净网"力度[J].检察风云,2015(3):55.
③ 石国亮,徐子梁.网络欺凌的界定及其特点分析[J].中国青年研究,2010(12),5.
④ 金悦.英国中小学网络欺凌及其治理对策研究[D].长春:东北师范大学,2018:18.
⑤ 王庆田、刘洋.英国青少年网络欺凌迅速蔓延 7 岁儿童遭恐吓不敢上学[EB/OL].[2022-10-20].http:www.lx.huanqiu.com/article/qCakmJYNCq.

国青少年是"网络欺凌"的长期受害者,其中短信骚扰、用手机打恶作剧电
话以及在社交网站张贴个人信息是"网络欺凌"的主要手段。同时,女孩
遭到这种恫吓方式的几率要比男孩高出 4 倍多。① 伦敦大学教授彼得·
史密斯(Peter Smith)等学者的研究也证实,"相比男生,女生更容易成为
网络欺凌的受害者,尤其是以短信和电话为形式的网络欺凌"②。2014
年,世界卫生组织关于英格兰学龄儿童健康行为的调查结果表明,各年
龄段的女生遭受网络欺凌的概率是同年龄段男生的两倍。③ 英国"鼓励
青少年和儿童沟通"的政府宣传活动负责人吉恩·格罗斯表示,"以前,
女孩子搞小团体排挤其他女孩的手段是通过语言,但是现在她们有了社
交网络和手机短信这类全新的沟通工具,就算放学之后也躲不开网络欺
凌。女孩子在受人欺负的时候比较不容易说出来,因此她们更加处于弱
势"④。

(二)英国网络欺凌治理的信息服务

英国教育部规定,无论是校内欺凌、校外欺凌还是网络欺凌,学校必
须予以管理教育,必须制定反欺凌举措,提供相应的信息服务。围绕信
息服务特色,英国的网络欺凌治理形成了以政府管理、行业自律、社会配
合等多方位于一体的治理机制。

----

① 陈璐.青少年遭受"网络欺凌"　多国通过法律形式惩治校园"网霸"[N].中国文化报,
2010-04-15(003).

② Peter Smith et al. An investigation into cyberbullying, its forms, awareness and impact,
and the relationship between age and gender in cyberbullying, A Report to the Anti-Bullying Alli-
ance [EB/OL]. http:www. desf-gov. uk/research/date.

③ The professional association for social work and social workers. Cyberbullying:An analysis
of data from the Health Behaviour in School-aged Children (HBSC) survey for England[EB/OL].
(2017-06-19)[2022-10-20]. https://www.basw.co.uk/resources/cyberbullying-analysis-data-health-
behaviour-school-aged-children-hbsc-survey-england-2014.

④ 李忠东.英国加大"净网"力度[J].检察风云,2015(3):55.

1. 组建英国"反欺凌联盟"(Anti-Bullying Alliance，ABA)

由国家儿童局(National Children's Bureau，NCB)组建的英国"反欺凌联盟"于每年11月的第三周组织一年一度的反欺凌周(Anti-Bullying Week)活动,旨在提高青少年学生的反欺凌意识,宣传、普及预防和应对欺凌的方法。活动包括反欺凌辩论、反欺凌建议征集、反欺凌连环画、反欺凌标志绘制、反欺凌视频展映、反欺凌集会演示等等。学校通过举办一系列的活动营造反欺凌的校园文化,通过多种规章制度的形式来约束和规范学生行为。[①]它的"反欺凌大使"项目,截至2020年3月,已在英格兰培训了2750名学生担任校园反欺凌大使。"反欺凌联盟"还建议教师受理欺凌事件报告时,做好以下几项记录:一是当有教师、家长、学生发现欺凌问题时,教师应在欺凌记录表上详细记录,并注意信息保密;二是搜集尽可能多的事实信息;三是保持记录的安全性、可靠性、可访问性;四是保护有关欺凌的数据,明确查阅欺凌记录的权限;五是根据需要采用纸质系统或电子系统记录欺凌事件。[②]

2. 发布《学校的反欺凌手册》和《网络有害内容白皮书》

1994年英国教育部出版的《不要默默忍受:学校的反欺凌手册》(*Don't Suffer in Silence：An Anti-bullying Pack for Schools*)为英国学校的反欺凌工作提供了操作指南。"2019年4月8日,英国政府发布《网络有害内容白皮书》(以下简称《白皮书》),首次将网络有害内容纳入法律治理范围。《白皮书》将有害内容分为三个层次:第一个层次即'明确规定的有害内容',包括儿童性虐待、性剥削、恐怖主义内容和活动、鼓励或协助自杀、传播18岁以下未成年人不雅照等;第二个层次为'定义

---

① 阳金金.英国学校反欺凌实践研究[D].上海:上海师范大学,2021:49-50.

② Resource：Anti-Bullying Alliance. https://www. anti-bullyingalliance. org. uk/news-insight/blog/how-can-we-record-bullying-schools-effectively-blog-tootoot.

不明确的有害内容',指的是没有触犯法律但却具有严重社会危害性的内容,包括网络欺凌、传播虚假信息、暴力、宣传自残等;第三个层次主要保护未成年人远离网络色情和低俗内容,防止未成年人网络沉迷,如,儿童访问色情与不适当内容(如,13岁以下儿童使用社交媒体,18岁以下未成年人使用约会软件)等。"①

3. 创建专事信息服务的网站

在英国,非营利组织也发挥了重要的作用。英国的非营利机构 di-gizen 创建了一个网站,专门为家长、青少年和教师提供信息,加强他们对数字公民身份的认识和理解,进而促使他们成为一名合格的数字公民。该网站有三大版块,分别为家长、青少年和教师提供社交网络和网络欺凌等问题的具体建议和资源。②"慈善机构'家庭生活'建立了bulling网站分享网络欺凌的概念、类型、影响及应对策略等信息,对各方应对学生网络欺凌产生积极的影响。英国慈善机构 Kidscape 创建的kidscape 网站为家长及其监护人分享了大量防止儿童被欺凌的信息和资源,并提供了求助热线电话和邮箱。"③此外,为了提高青少年的数字公民意识,一些慈善机构也会推出一些网络预防项目。如,英国的戴安娜奖慈善机构提出"反欺凌大使计划"(the Anti-Bullying Ambassador Programme),该计划为英国的学校和青少年提供关于网络欺凌预防的资源和培训。青少年学生接受培训后,成为反欺凌大使。他们帮助同龄人识别网络空间中的欺凌行为,组织反欺凌运动,倡导多元化的校园氛围。截至目前,该计划已经培训了22000多名青少年,并且获得英国教

---

① 吴玉兰.以德治网与依法治网[M].宁波:宁波出版社,2021:177.
② 林瑶.数字公民教育视角下的青少年网络欺凌治理研究[D].杭州:浙江工业大学,2017:29.
③ 屈雅山.英国应对学生网络欺凌的策略及启示[J].教育与管理,2020(31):81.

育部的资助。

4. 提供免费培训和求助服务

除了本土的非营利组织之外,一些跨国的非营利组织也在无偿为全球的公民提供数字公民教育培训。例如,全球数字公民基金会(The Global Digital Citizens Foundation,GDCF)一直致力于培养负责任、有道德、全球化的数字公民。它们为全球的教育者提供免费的师资培训,使教育者成为专业的数字公民教育者,从而教导更多的学生规范使用网络信息技术。

英国政府还开设免费的"专业人士网上安全求助热线",为学校、家庭、个人提供有关他们可能遇到的网络欺凌问题的建议和指导。[①] 据报道,英国政府资助 440 万英镑开发的应用软件 Tootoot 已经在各地学校推广,青少年借助这一"神器",可以直接用社交媒体截图方式报告发生的欺凌事件,截图信息作匿名化处理提交给学校,最终由训练有素的老师进行审核和处理。英国教育大臣贾斯汀·格林宁说:"学校应该成为儿童成长和学习的安全场所。只需一个点击,这个软件便可帮助人们支持和关爱所有的儿童。"[②]

5. 开展"净网"除恶行动

2013 年,时任英国首相卡梅伦为保护青少年免受网络不良信息的侵害,签署了一项改革草案,要求全英的宽带运营商必须为用户提供互联网屏蔽系统,且默认开启。英国宽带运营四巨头之一的 TalkTalk 公司闻令即动,为用户适时推出了一款名为"HomeSafe"的家庭上网监控系统,使用者藉此可以方便地监控台式电脑、平板电脑、游戏机、手机等

---

① UK Safer Internet Centre. Professionals online safety helpline[EB/OL]. (2019-04-03)[2022-10-20]. https://www.saferinternet.org.uk/professionals-online-safety-helpline.

② 赵芳.英国为解决校园欺凌问题提供创新方案[J].世界教育信息,2016(21):79.

不同终端的上网情况，卡梅伦对此表示称赞。这场声势浩大、自上而下的"净网行动"，在增强网络监管机构的监管责任、加强行业自律的同时，也加大了网络空间的"除恶"力度。虽然"净网行动"也遭到一些机构和公众的非议和质疑，但是，这一举措客观上的确为青少年的健康成长筑起了一道"防火墙"，英国也因此成为西方国家中对互联网监管最严格的国家之一。英国政府于2017年、2019年先后发布《互联网安全策略绿皮书》和《网络危害白皮书》，责令所有学校都必须采取切实措施防止各种形式的网络欺凌事件发生。

（三）英国网络欺凌治理经验的启示

英国是世界上较早开始关注网络欺凌的国家，英国政府、学校、家庭和社会采取了系统的、综合的举措，致力于解决青少年网络欺凌问题。实践证明，英国政府采取的一系列卓有成效的举措收效明显，青少年网络欺凌发生率逐年下降，2016年为32.5％，2017年为24.3％，2018年降至10.1％。[①]

1. 突出教育的公益性

无论是致力于全球数字公民培养的全球数字公民基金会，还是政府开设的"专业人士网上安全求助热线"，抑或是针对残疾儿童和有特殊教育需要儿童群体的线上CPD免费培训课程（CPD online training），集中体现了英国网络欺凌教育的公益性特点，这也十分契合当前盛行的新公共服务精神的时代要求，公共管理者的重要作用并不是体现在对社会的控制或驾驭，而是在于帮助公民表达和实现他们的共同利益。通过参与和推动公民教育计划、培养更多的公民领袖，政府就可以激发公民的自

① World Public Library. Ditch the Label，"RESEARCH APERS. 2018"［EB/OL］.（2019-05-20）［2022-10-20］. https://www.ditchthelabel.org/research-papers/.

豪感和责任感。

英国教育学者萨蒙斯在《学校效能：在 21 世纪走向成熟》(*School Effectiveness Coming of Age in the Twenty-First Century*)中指出，分权与合作是完成高效能发展学校目标的基本要素，其中学校的过程监督以及家校合作，突出发展性与效能至关重要。在萨蒙斯看来，在学校，无论是领导和师生，还是家庭和社区，他们都应该也有权利参与学校的治理。仰仗他们的积极参与，学校的愿景目标才能更充分地达成。因此，"构建监督与沟通机制为多元主体参与和互动提供强有力的保障，也是多元主体参与治理的不竭动力"①。

2. 突出教育的覆盖面

英国儿童互联网安全委员会(UK council for Child Internet Safety, UKCCIS)，是一个由 200 多个组织组成的机构，这些组织来源广泛，分布在政府、行业、法律、学术界和慈善机构，该委员会的目标是保障儿童网络安全并通过合作开展各类科学研究、提供专业建议与指导，其中包括网络欺凌问题。

在学校教育和家庭教育层面，英国政府在 2014 年先后发布《网络欺凌：对校长和教育工作者的建议》(Cyberbullying：Advice for Headteachers and School Staff)和《对家长和监护人关于网络欺凌的建议》(Advice for Parents and Carers on Cyberbullying)，提出学校预防网络欺凌的行动框架，指导家长和监护人了解网络社交媒体、网站等欺凌报告的工具和途径。

由英国儿童剥削与互联网保护中心(Child Exploitation and Online Protection Centre, CEOP)设立的"想你知道"(think U know, TUK)项

---

① 杨晓莹. 赋权：学校现代化评价的刚性治理标准[J]. 苏州大学学报(教育科学版)，2020 (3):19.

目,涵盖了网络安全与保护等多方面的内容——为未成年人提供网络安全建议,为家长提供网络安全信息,为专业人士提供网络服务支持。

英国"反欺凌联盟"开展的各项活动覆盖面十分广泛,中小学校、教师及教育管理者、学生和年轻人群体,都是其关注和涵括的对象。迄今为止,"反欺凌联盟"已经拥有超过 150 个成员组织,它们共同致力于减少英国的校园欺凌。任何组织和个人只要赞同"反欺凌联盟"的价值观,都可以申请加入。

3. 突出教育的实效性

鉴于网络空间充满了各种难以预测的风险,而网络服务提供商未必都能够采取必要的措施帮助广大未成年人免受不应有的伤害,2016 年,英国儿童网络安全委员会出版了《儿童网络安全:社交媒体与互动服务提供商的实用指南》(以下简称《实用指南》,*Child Safety Online: A Practical Guide for Providers of Social Media and Interactive Services*),指导英国青少年如何安全放心地使用网络。《实用指南》为社交媒体和互动服务供应商提供的六项准则包括:管理服务内容、家长控制、处理滥用或误用、处理儿童性虐待内容和非法接触、保护隐私、教育与安全意识等六大要目,共计 29 条具体规定,如"保护 18 岁以下用户的账户""在服务器上安装家长控制系统""向用户说明允许和不允许的行为类型""为用户设立标准化的举报功能便于举报儿童性虐待内容和非法的性接触""为用户提供隐私设置的选项,以此获得控制权""密切联系家长、教育工作者、用户及社区,培养并强化人们对儿童网络安全的意识"等等。此外,英国政府还明确规定了网络服务提供商(Internet Service Provider,ISP)防范网络欺凌的责任与义务——ISP 必须接受公众有关网络欺凌的投诉,并且采取相应措施妥善处置。

英国通过网络平台向青少年提供相应的信息和建议,同时采取与社会团体、第三方机构联合的方式建立学校和家长的新媒体信息服务体系，通过社会力量，协助学校和家长共同应对网络欺凌问题。此外，英国一些机构也为遭受网络欺凌的青少年提供帮助，许多慈善机构都聘请了网络欺凌方面的专家，并建立网站为学生和家长提供了大量的信息、资源和网络安全指导建议。

我国同样有较高的新媒体和社交媒体使用率，有条件通过网络平台向青少年、学校和家长传播网络欺凌方面的信息和知识，提升青少年对网络欺凌的判断能力和防范意识，并对受到网络欺凌的青少年提供信息服务，引导其寻求帮助并获得支持。[①]

三、德国：普及人性教育

（一）德国网络欺凌现象概述

2005 年，德国学者卡塔里娜·卡特泽尔(Catarina Katzer)首次关注到了德国的网络欺凌现象，并在科隆大学社会心理研究所进行了调查研究。通过对 1700 名 10—19 岁北威州青少年的调查发现，5％的青少年遭受过大规模威胁和勒索，25％的青少年是诽谤、谣言、谎言等的受害者，42％的青少年表示，他们在 Knuddels 等网络聊天室中见到过各种形式的网络欺凌。[②] 值得注意的是，当时德国还不存在 Facebook、wer-kennt-wen 和 Twitter 等社交媒体，仅以聊天室为平台，青少年就已面临严重的网络欺凌问题。

近年来，随着电子邮件、社交媒体和智能手机等通信工具的成熟，德

---

① 郭勤一.英国青少年网络欺凌及应对策略研究[J].比较教育研究,2020(4):106.

② Katzer C. Was können wir gegen Cybermobbing tun? Präventionsansätze und Handlung-sempfehlungen. In: Cybermobbing-Wenn das Internet zur W@ffe wird[M]. Berlin, Heidelberg: Springer Spektrum, 2014: 147-212.

国的网络欺凌现象更加严重,并衍生出新的案例[①](见表 3-5)。根据德国"青少年信息媒介"研究项目 2019 年的调查结果,31％的受访青少年(12～19 岁)表示自己身边有人遭受过网络欺凌。[②]

表 3-5 不同媒介中网络欺凌的案例

媒介	案例
手机/智能手机	辱骂和骚扰的(匿名)电话威胁和电话恐吓、身体暴力威胁等。 创建、操纵、共享受害者图片和视频并将其发布到网上以伤害受害者。 散布谣言、文字诽谤和口头中伤。
即时通信工具(What'sApp、ICQ等)	发送攻击性信息、图片或视频。 屏蔽受害者、删除好友列表、使用不同账号群发恶意信息或以虚假身份威胁受害者。 发布关于受害者的歧视、冒犯性评论、照片或视频。

---

① Wachs S, Schubarth W, Seidel A, Piskunova E. Detecting and interfering in cyberbullying among young people (foundations and results of german case-study)[J]//Alexandrov D, Boukhanovsky A, Kabanov Y, Koltsova O. Digital transformation and global society. DTGS 2018. Communications in Computer and Information Science, 2018(859): 277-285.
② Medienpädagogischer Forschungsverbund Sudwest. JIM-Studie2019[EB/OL]. (2020-07-20)[2022-10-20]. https://www.mpfs.de/fileadmin/files/Studien/JIM/2019/JIM_2019.pdf.

续表

媒介	案例
社交网络（Facebook、Twitter、YouTube、Google＋等） 聊天室（YouNow、Knudels、Habbo Hotel 等）	威胁并追踪受害者。 制造仇恨团体。 将受害者排除在联合团体之外。 通过创建第二个虚假受害者个人资料来冒充受害者。

  网络欺凌行为的伤害范围并不局限于受害者，对肇事者的行为发展也会产生负面影响。德国研究者塞巴斯蒂安·瓦克斯（Sebastian Wachs）等通过对一名 16 岁的网络欺凌肇事者的案例研究发现，网络欺凌肇事者也存在以下问题：经常参与其他形式的攻击性和犯罪行为（包括故意破坏、入店行窃、吸毒）；增加负面情绪（如仇恨、压力或愤怒）并增加对侵略的准备；与朋友、家人和爱人的暴力经历增加；学习亲社会行为的机会减少；心理问题（例如抑郁、自尊、自卑）；学校问题（例如成绩下降、经常与老师发生冲突、被学校开除）；社会问题（例如同伴拒绝、朋友和社会接触减少）等。[①] 在校园环境中，网络欺凌更是具有多种表现形式[②]（见表 3-6），给青少年带来了巨大的心理伤害。

---

① Wachs S, Schubarth W, Seidel A, Piskunova E. Detecting and interfering in cyberbullying among young people (foundations and results of german case-study)[J]//Alexandrov D, Boukhanovsky A, Chugunov A, Kabanov Y, Koltsova O. Digital transformation and global society DTGS 2018. Communications in Computer and Information Science，2018(859)：101.

② 杨大可.德国校园欺凌法律规制体系及司法实践探析[J]. 比较教育研究，2020(12).

表 3-6　校园环境中网络欺凌的主要表现形式

形式	具体表现
骚扰	通过侮辱、不愿回答的问题、种族主义或色情内容以及令人尴尬的照片或视频对同学进行有针对性的反复骚扰。
诋毁	通过散布谣言或错误信息故意暴露或抹黑受害者,如,发送合成照片等。
冒充他人	施暴者盗用其他同学的账户或设备,冒用其身份辱骂同学或教师。
网络威胁	人身暴力威胁,如死亡威胁或强奸威胁。
排斥	将特定学生排除出班级群或在组织学校项目时不允许某同学参与。
巴巴乐*	对同学或教师施以身体暴力并拍摄照片和视频,随后将其发布并传播。

＊巴巴乐(happy slapping),一种掌掴他人以取乐的恶作剧。

(二)德国网络欺凌治理的人性教育

德国针对校园欺凌行为已形成完备的规制体系。德国虽然没有独立针对网络欺凌的法律法规,但是,联邦政府 2015 年修订的《刑法典》根据社会变化的实际情况,扩大了其适用范围,将网络欺凌行为纳入其中,并对其进行相应的制裁。此外,德国《社会法典》所规定的青少年援助措施以及基于各州警察法的预防犯罪措施也可援用。[①] 然而由于网络欺凌行为的特殊性,尽管政策制定者倾向于为这一风险扩大法律适用范围或者制定新的法律,仍有研究者指出,国家执法将变得更加困难,因为 Facebook 和在线视频游戏等公司虽然经常涉及网络欺凌案件,但因国界问题逃避了执法。因此,对数字媒体进行有效的政治监管几乎是不可能的,禁令在很大程度上仍然是象征性的政治行为。[②] 而在和平解决冲

① 杨大可. 德国校园欺凌法律规制体系及司法实践探析[J]. 比较教育研究,2020(12):102.

② Genner S. Violent video games and cyberbullying: Why education is better than regulation [M]//Van der Hof S, van den Berg B, Schermer B. Minding minors wandering the web: Regulating online child safety. Information Technology and Law Series, vol 24. T. M. C. The Hague: Asser press, 2014.

突的过程中,比法律禁令更行之有效的办法是学校的教育和父母的支持,学校可以为学生性格的发展和人性化教育提供适当的框架,而父母可以根据自己的教育和行为文化基础,提供一个角色和行为模式。^① 因此,德国的学校和家庭在政府和社会的支持下,将网络欺凌治理纳入人性教育的整体部署中,扎根于自身的文化土壤,普及德育以及善良、宽容、互助的价值观教育,因为起步较早且实施力度大,积累了丰富的网络欺凌治理经验。

1. 校园层面:实施媒体英雄课程计划

德国的幼儿园和小学一开始就对儿童进行"善良教育"和"免除恐惧教育"。"善良教育"是德国儿童接受人生启蒙的第一课,从爱护小动物开始。这种以亲自动手喂养小动物为载体的"善良教育",已经成为德国教育体系的有机组成部分。对儿童进行"善良教育"的另一项重要内容是同情和帮助弱小者,对于身边需要帮助的人,都要尽力相帮,培养他们做人的基本公德。"免除恐惧教育"就是培养儿童的自信。例如,在幼儿园和小学阶段,儿童就被告知无论是老师、家长还是同学,他们都不是你害怕的对象,而是你遇到问题时寻求帮助的对象。^② 学校注重培养学生对于欺凌的敏感度和自我保护能力,经常举行有关预防欺凌的启蒙教育活动,在互联网环境下,德国校园也与时俱进推出了以校园为基础预防网络欺凌的媒体英雄(Medienhelden)课程计划。

媒体英雄课程计划是由欧盟委员会资助的"DAPHNE Ⅲ"计划^③的

---

① Schulz I. Digitaler knockout? Ursachen, hintergründe und beratungsansätze bei cybermobbing[J]//Rietmann S, Sawatzki M, Berg M. Beratung und digitalisierung. Soziale arbeit als wohlfahrtsproduktion. Beratung und Digitalisierang, 2019(15): 269-285.

② 秦曙,何杰.德国校园欺凌现象考察及其治理经验[J].淮阴师范学院学报(自然科学版),2020(19):266.

③ 欧盟委员会.欧洲网络欺凌干预措施和战略项目[EB/OL]. (2021-07-22)[2022-10-20]. http://bullyingandcyber.net/en/ecip/project/.

一部分,于 2010 年开发,并在柏林学校课堂中首次实施,是首个经过评估的校园网络欺凌应对计划。该计划包含两个版本:一个是有 15 个 45 分钟课程的长版,一个是有 4 个 90 分钟课程的短版,主要由 8 个模块组成[①](见表 3-7)。其实施重点是促进对学生的同理心教育,提高学生对网络欺凌、互联网安全和不当在线行为的法律后果的理解,并促进积极的旁观者行为。干预策略包括角色扮演、辩论、合作学习和学生家长演示等。[②]

表 3-7　媒体英雄计划的组成模块和实施方法

组成模块	实施方法
模块一:新媒体引进的利与弊	介绍
模块二:网络欺凌的定义和后果	提高认识,知识转移
模块三:感觉和行动选择	短片,同理心训练
模块四:角色分配和可能的行动方案	同理心训练,角色扮演
模块五:自我保护策略	朋辈辅导
模块六:法律背景	道德反思
模块七:家长晚会	家长辅导
模块八:最终反思	知识整合

　　媒体英雄课程计划旨在预防网络欺凌并在学校环境中促进学生的在线启蒙教育,德国研究者根据不同的目标变量对其实施效果进行了研究。沃尔夫等研究者认为,媒体英雄课程计划由受过培训和监督的教师在现有学校课程中实施。也就是说,这不是一项自愿的课外计划,而是嵌入正规学校课程当中,因此具有稳定的框架和熟悉的校园环境,确保

---

① Scheithauer H. Medienhelden [M]//Roth M, Schönefeld V, Altmann T. Trainings-und interventions programme zur förderung von empathie. Berlin, Heidelberg: Springer, 2016: 67-75.

② Agatston P, Limber S. Cyberbullying prevention and intervention: promising approaches and recommendations for further evaluation[M]//Gordon J. Bullying prevention and intervention at School, Springer 2018:73-93. https://link. springer. com/chapter/10. 1007/878-3-319-95414-1_5.

学生的注意力,同时可以产生持久的影响,因为受过教育的教师可以在不需要外部专家的情况下在后续课程中重新应用该计划。① 沙伊特豪尔等研究者的实证研究表明,媒体英雄计划在教师和学生中享有很高的接受度,因此可以为基于学校的网络欺凌预防作出重要贡献。②

2. 政府层面:发起网络欺凌防治教育活动

在从教育角度防治网络欺凌的机制建设中,德国政府教育主管部门牵头,各州文教部积极响应号召,形成了多方协同的教育治理网络。

2020 年 1 月,巴登-符腾堡州(Baden-Württemberg)文教部发起了反对网络欺凌的 RespektBW 运动。RespektBW 运动旨在在社交媒体上营造一种尊重的讨论文化,激发儿童和青少年民主、善良的社会价值观,并倡导良好的社交互动。③ 该运动的主要内容包括举办"请问什么?打击虚假和仇恨"("BITTE WAS?! Kontern gegen Fake & Hass")创意竞赛、开展学校研讨会、争取社交媒体意见领袖的支持等,以此来推动儿童和青少年对网络欺凌的重视和正确的认知。在启动仪式上,国务大臣特蕾莎·索帕尔(Theresa Schopper)说:"我们希望鼓励儿童和青少年不要被网络欺凌、仇恨帖子和虚假新闻吓倒,而是站在自己的立场并采取积极的态度。"④BITTE WAS 创意竞赛是该运动的项目之一,通过 Instagram 和 YouTube 等社交媒体渠道在全国范围内开展,竞赛特别邀请了

---

① Wölfer R, Schultze-Krumbholz A, Zagorscak P, et al. Prevention 2.0:Targeting cyberbullying @ school[J]. Prev Sci, 2014(15):879-887.

② Scheithauer H. Medienhelden [J]//Roth M., Schönefeld V., Altmann T. Trainings-und interventionsprogramme zur förderung von empathie. Berlin, Heidelberg:Springer, 2016:67-75.

③ Landesmedienzentrum Baden-Württemberg. Informationskampagne und Wettbewerb im Schuljahr 2019/2020 gegen Fake und Hass im Netz[EB/OL]. (2021-07-21)[2022-10-20]. https://www.lmz-bw.de/landesmedienzentrum/programme/respektbw/.

④ Plakataktion zur Informationskampagne „Bitte Was?! Kontern gegen Fake und Hass" startet[EB/OL]. (2021-07-21)[2022-10-20]. https://km-bw.de/,Lde/startseite/service/2020+01+09+RespektBW? QUERYSTRING=cybermobbing.

深受青少年喜爱的各界知名人士，如电视节目主持人杰西卡·舍内（Jessica Schöne）、魔术师亚力山大·斯特劳布（Alexander Straub）、说唱歌手威肯德（Weekend）和艺人朱利安·班姆（Julien Bam）等作为活动大使，并制作了大量海报和宣传册（见图3-1、图3-2），引发了德国儿童和青少年对网络欺凌现象的广泛关注。近1000名4个不同年龄段的儿童和青少年提交了100多件以假新闻、帽子言论、网络欺凌和网络文化为主题的创意媒体作品，包括诗歌、歌曲图片、戏剧、舞蹈、故事和视频等。为了培养儿童和青少年对网络欺凌的长期认识，发挥教育功能，该运动还在学校和教育机构举行了研讨会并开设了工作坊，为教师提供学校讲习

图 3-1　BITTE WAS 创意竞赛海报

图 3-2　BITTE WAS 创意竞赛宣传册

班、家长晚会、项目周、教育日和在线会议等活动。巴登-符腾堡州文教部定期在其官网和电子邮件中公布活动日历和研讨会日程,并应要求组织内部学校活动,学校教师也可以应要求接受关于假新闻、仇恨言论或网络欺凌等主题的培训。

　　此外,巴伐利亚州(Freistaat Bayern)文教部开展了"无欺凌学校——一起上课"("Anti-Mobbing"-Koffer)活动①来促进青少年网络欺凌防治教育。该活动面向巴伐利亚州五至八年级的学生,由文教部向学校提供"反欺凌"手提箱,手提箱中包含了关于欺凌预防项目工作的大量材料,网络欺凌也作为补充模块之一,其中包括教学材料和家长手册,以

---

① Julia Lindner, Kathrin Heydebreck Gemeinsame Initiative von Bildungsministerium und Techniker Krankenkasse-"Anfänge von Mobbing im Keim ersticken"[EB/OL].(2021-07-27)[2022-10-20]. https://www. km. bayern. de/pressemitteilung/8888/nr-147-vom-14-05-2014. html.

及有关如何正确处理受影响儿童的信息以及如何公平处理数字通信的提示。例如,受到网络欺凌影响的学生,将会收到一部展示网络欺凌的表现及其影响的影片。经过相应的培训后,学校教师可以从各自的州立学校咨询中心借用"反欺凌"手提箱。2011 年至 2013 年间,巴伐利亚州文教部已为州内的学校提供了 1200 个手提箱,约有 2600 名教师接受了培训,该活动已在 650 多所学校中开展。北莱茵-威斯特法伦州(Nor-drhein-Westfalen)文教部从学生心理健康教育角度提出了支持办法。该州文教部部长罗尔曼(Löhrmann)提出:"我们的学校应该是和平共处、相互尊重的地方,这就是为什么我们正在加强学校心理和专业化辅导教师的培训。在日常学校生活、各种形式的极端主义和网络欺凌等危机情况下,他们是学生和参与学校生活的每个人的重要联系人。"①北莱茵-威斯特法伦州建立了学校心理危机管理办公室和预防中心,工作重点之一是预防和干预任何形式的欺凌事件,为学校提供心理健康教育的具体支持。在 2017 年的预算中,学校心理危机管理办公室人员配备从三个职位增加到六个职位,预防中心增加了一个教学职位,针对学生心理健康教育和心理咨询支持的力度不断加强。

3. 社会层面:推广网络欺凌教育指南和互助平台

网络欺凌是网络问题也是社会问题,社会也是治理网络欺凌必不可少的阵地,德国在防治网络欺凌教育方面,既以顶层设计为抓手推广教育指南和行动准则,也以青少年自我教育为基础形成了互助平台。

德国教育与科学工会(Gewerkschaft Erziehung und Wissenschaft,GEW)出台了一系列针对防治青少年网络欺凌的教育指南。2008 年,

___

① Ministerin Löhrmann: Wir bauen die psychologische Beratung und Unterstützung in der Schule deutlich aus[EB/OL]. (2021-07-28)[2022-10-20]. https://www. schulministerium. nrw/presse/pressemitteilungen/ministerin-loehrmann-wir-bauen-die-psychologische-beratung-und.

GEW 通过对 488 名受访者样本进行的调查发现,其中有超过 30％的受访者表示,知道或听说过身边出现的网络欺凌事件和受害者,但只有4.7％的受访者表示他们的学校制定过行为准则。① 针对这一政策空白,GEW 提出,要通过营造良好的氛围来预防网络欺凌。防止一切欺凌形式的最好办法是营造一种以相互尊重为前提的校园氛围,校园是一个学习社区,而不是一个等级森严的"机构",要以合作促进代替竞争和选择。教师、学生和家长在必要时可以制定和商定行为准则,在每学年开始时签署。例如,在上课期间关闭手机和手机摄像头,防止它们被用于网络欺凌或暴力目的;要重视媒体教育,防止滥用新媒体。互联网和移动通信平台已成为青少年获取信息、完成社会化的第二课堂,虽然网络具有一定的危险性,但出于这个原因而禁止青少年使用手机不仅是徒劳的,而且在教育上也是错误的。媒体教育作为一种预防措施,既要引导青少年思考法律问题,也要思考道德问题。例如什么是允许的,什么是不允许的? 作为网络欺凌的受害者,您有什么感受? 网络欺凌的动机是什么等一系列问题;在预防无效的情况下,要保持冷静,不要冲动。数字时代网络欺凌的影响力显著增加,要注意收集带有攻击性或威胁性内容的电子邮件或手机信息作为证据,在任何情况下都不要私下与欺凌者对质,建议让学校管理层或调解员参与。

JUUUPORT 平台于 2010 年 4 月推出,由 JUUUPORT eV 协会提供支持,这是一个全国性的在线咨询平台,由来自德国各地的青少年志愿者组织,志愿者在家中使用自己的个人电脑进行免费咨询工作,帮助他们的同龄人解决网络欺凌和社交媒体压力等在线问题。这些志愿者年龄在 16—24 岁之间,接受过法律、互联网和心理学领域的专家培训,

---

① Gewerkschaft Erziehung und Wissenschaft. Internet-mobbing［EB/OL］.（2021-07-18）［2022-10-20］. http://www.gew.de/gesundheit/internet-mobbing/.

被称为 JUUUPORT 侦察员,他们中的一些人还作为"JUUUPORT 大使",在展览会和各类活动中为 JUUUPORT 宣传演讲、监督信息和接受媒体采访。在 JUUUPORT 平台上,青少年建立了自己的社区,自发上传原创内容,为防范网络欺凌争取关注和同情。侦察员凯文·莱赫曼(Kevin Lehmann)与侦察员杰米克(Jannik)和他的朋友蒂姆(Tim)一起为反对网络欺凌制作了一段说唱视频。

看看你自己,你当然是欺负人! 你需要你的力量感,为它寻找受害者!

尽量隐藏你自己的问题,希望别人不会发现你的问题。你有什么要补偿的吗?

没有欺负你就怕失去在学校的地位?

——反对网络欺凌的说唱视频①

JUUUPORT 平台还包括网络杂志版块和在线研讨会版块,其中网络杂志版块汇总了应对网络欺凌的最新提示等在内的相关知识,并创建了♯网络欺凌♯标签,供受到网络欺凌的青少年讲述自己的故事。在线研讨会版块则由侦察员开发和实施的各类网络欺凌主题研讨会组成,通常是面向学生的 45～90 分钟的在线讨论。通过这些志愿行为,青少年在网络平台上实现了自我教育和群体互助功能。

(三)德国网络欺凌治理经验的启示

德国的人性教育理念最早可以追溯到柏拉图提出的善的理念,柏拉图将善比作太阳,受教育的人本身具有理性,但是这种理性由于注视着影像,无法得到真正的知识,经历教育之后,开始转向注视太阳本身照射

---

① Belkacem. Rap-Video gegen (Cyber-) Mobbing[EB/OL]. (2021-07-19)[2022-10-20]. https://www.juuuport.de/ratgeber/cybermobbing.

的事物,就是人最终知道了善的理念直接照射的整个理念世界。① 德国哲学家康德从人的存在方式和人的本性出发,提出人类只有依靠教育才能成为人,借助于道德教育,人类才能将其人性中的全部自然禀赋渐渐地发挥出来。② 第二次世界大战后,建立在对历史深刻反省基础上的"勃兰特思想"成为德国人性教育的重要思想起源,引发社会各界形成关注历史、尊重生命、善待他人的文化氛围。以人性教育为核心的道德教育成为德国教育体系的有机组成部分,并由此形成一种独具特色的教育模式,在这一背景下的德国网络欺凌治理策略,实际上包含了对人性的重新认识与思考,值得我们深入学习和借鉴。德国一个以学校为基础的麦地霍尔登项目,目标是为项目参与者提供在线社交技能,提高他们的在线安全意识,并教会他们如何支持网络欺凌受害者。项目包括对家长和教师的培训以及对干预措施的外部监测。这项评估显示了有效性的证据,参与者的社交技能、自尊、同理心和心理健康都有所提高,网络欺凌行为也有所减少。

事实上,中国传统文化也不乏对人性教育的观照,春秋时期老子《道德经》即提出"上善若水",儒家思想核心"仁"更是体现了人性教育的思想内涵,儿童启蒙教材《三字经》也以"人之初、性本善,性相近、习相远"开篇,教育儿童发扬善性,"四书"之一《大学》提出"大学之道,在明明德,在亲民,在止于至善",强调学习者道德修养的提高。而近年来,随着网络技术的发展和网络欺凌等新现象的出现,网络空间的相关教育没有得到足够的重视,暴露出许多亟待解决的新问题。首先,应试教育体制下,一定程度上忽视了青少年的情感需求和道德培养,也缺乏关于网络欺凌的专业课程教育;其次,宣传教育力度不足,尚未在青少年中建立起对网

---

① 柏拉图.理想国[M].郭斌和,张竹明,译.北京:商务印书馆,2015:126.
② 徐洁.激活人的"善之禀赋":康德论人性与道德教育[J].教育研究与实验,2020(4):28.

络欺凌的普遍认知和防治教育方案；最后，青少年在面对网络欺凌时的自我教育和关怀他人的互助意识没有得到有力引导。

网络发展日新月异，网络欺凌防治是一项长期、持续的工作，对儿童和青少年的定期教育十分重要。德国学校将网络欺凌教育纳入日常管理工作，创新教育形式，形成预防和治理体系是行之有效的举措。尤其是重视从源头遏制网络欺凌的生长，加强校园文化建设，落实媒介素养教育，从价值观教育入手，培养学生和平解决冲突的能力和尊重、平等、团结、宽容的价值观。具体而言，学校开设了网络欺凌教育专业课程、制定反网络欺凌指南和学习手册、聘请反网络欺凌导师团队或对教师进行相关培训、依托学校各类平台发起反对网络欺凌的活动、家校联合，将家庭教育纳入网络欺凌防治工作等。政府和社会各界也提供了公共事业服务，与学校联合，为青少年提供外部保护。例如，在政策指引、人员培训、技术和资金上给予支持；在社会范围内组织关于防范网络欺凌的项目，唤起大众意识；建立青少年互助交流平台，鼓励和支持青少年与同龄人形成良好的同伴关系和社会关系等。

四、澳大利亚：强化培训服务

（一）澳大利亚网络欺凌现象概述

澳大利亚是较早出现并开始重视治理网络欺凌问题的国家之一。2010 年初，澳大利亚国防部专门成立了“网络安全运行中心”(Cyber Security Operations Center，CSOC)，6 月，联邦警察局调查“谷歌街景”非法获取居民隐私，7 月，政府表示将推出互联网强制过滤器。看似对“网络自由"不加干涉的澳大利亚,成为对网络风险防范最严格的国家之一。①

澳大利亚两位研究者普莱斯和达格利什曾对澳大利亚 548 名青少年的网络欺凌状况进行了研究。研究表明,网络欺凌是青少年小学和中学过渡时期最普遍的群体现象。其中,有 49% 的青少年在 10—12 岁时经历过网络欺凌,有 52% 的青少年在 13—14 岁时经历过网络欺凌,有 29% 的青少年在 15—16 岁时经历过网络欺凌。不难发现,有一定数量的受访者在各个阶段都曾经历过网络欺凌,这也解释了为什么百分比的总和超过了 100%,甚至有 33% 的青少年声称,在接受调查的过程中,他们正在经历网络欺凌。随后,研究者还对经历过网络欺凌的青少年进行了进一步研究。考察网络欺凌对他们造成的影响。研究表明,有 86% 的青少年认为网络欺凌对自己各方面造成了影响,其中包括自信心(78%)、自尊心(70%)、友谊(42%)以及学习成绩(35%)、家庭关系(19%)。此外,青少年还在情绪上受到了不同影响,其中包括悲伤(75%)、极度悲伤(54%)、沮丧(58%)、尴尬(48%)、恐惧(48%)、害怕(29%),另外,还有 3% 的青少年正在考虑自杀。② 可见,青少年网络欺凌问题的严重性已经到了不可忽视的地步。

研究者斯皮尔斯和科凡尔斯基等综合考察了国际范围内的网络欺凌问题,并提出澳大利亚青少年在一年中遭受网络欺凌的比例接近 20%,占到了国际范围内的 10%～40%。③ 在最近一项研究中,斯皮尔

---

① 陈小丫. 严格过滤有害内容 坚决屏蔽违规网站 网络审查,澳大利亚下重手[J]. 长安,2010(9):34.

② Price M, Dalgleish J. Cyberbullying: Experiences, impacts and coping strategies as described by australian young people[J]. Youth Studies Australia,2010, 29(2): 51-59.

③ Spears B, Keeley M, Bates S, Katz I. Research on youth exposure to, and management of cyberbullying incidents in Australia: Part A. Literature review on the estimated prevalence of cyberbullying involving Australian minors Social Policy Research Centre[R]. Sydney: University of Western Sydney, 2014.

斯扩大了研究群体的样本数量,对2338名澳大利亚青少年进行了研究。研究发现,仍然有1934名青少年涉及网络欺凌行为,其中535名青少年多次遭受网络欺凌,365名青少年是潜在受害者,34人曾对他人实施过网络欺凌,另有大量旁观者。但是在研究过程中,研究者也发现,年龄和性别对网络欺凌状态的影响并没有显著区别(见表3-8)。

表3-8 澳大利亚青少年网络欺凌性别与年龄状况百分比[①]

Cyberbullying status ($N=1,934$)	Cender ($N=1,927^a$)		Age (years) ($N=1,934^a$)						
	Female (N)	Male (N)	12	13	14	15	16	17	18
Non-involved (51.7%; $N=1000$)	54.9 (547)	45.1 (450)	15.2	13.3	12.8	16.4	16.7	15.3	10.3
Cybervictim(27.7%; $N=535$)	58.9 (314)	41.1 (219)	11.2	17.0	14.4	17.8	15.1	17.0	7.5
Cyberbully(1.8%) $N=34$	51.5 (17)	48.5 (16)	11.8	5.9	20.6	29.4	8.8	14.7	8.8
Cyberbully-victim(18.9%; $N=365$)	52.2 (190)	47.8 (174)	10.2	14.2	15.9	18.6	17.3	12.3	11.5

(二)澳大利亚网络欺凌治理的培训服务

近年来,网络欺凌问题引起了澳大利亚政府和社会的高度重视。2011年4月,澳大利亚"反欺凌中心"(The National Centre Against Bullying,NCAB)在墨尔本举办了研讨会,以"防范网络欺凌"为主题,专门讨论让青少年远离网络欺凌的对策。除此之外,澳大利亚政府制订了一系列培训服务计划,主要面向教师、学生和家长,为其提供关于认识网络

---

① Spears B A,Taddeo C M,Daly A L,et al. Cyberbullying,help-seeking and mental health in young Australians:Implications for public health[J]. Int J Public Health,2015(60):219.

欺凌的知识和预防网络欺凌的方法,以及遭遇网络欺凌后的求助途径。

1. "远离欺凌"网站(bullyingnoway. gov. au)——"Cyber safety for students"报告

"bullyingnoway"网站是由澳大利亚安全与支持性学校社团(The Safe and Supportive School Communities, SSSC)管理的反欺凌网站, SSSC由澳大利亚政府、天主教和独立学校社团合作成立,成员包括联邦和所有州及地区的代表,以及天主教代表和独立学校代表。"bully-ingnoway"网站开设了网络欺凌专栏("online bullying"),并专门针对学生拟制了"面对网络欺凌,学生应该怎么办"(Cyber safety for students)报告,该报告详细列出了青少年在网络中应该遵循怎样的行为规范,例如,引导青少年思考:谁知道我的密码和账号? 我在网上对他人足够尊重吗? 如何回应他人的不当网络行为? 以及其他问题等。此外,该报告还告诉青少年在遇到哪些情况时,可以确定自己遭遇了网络欺凌,以及如何检查自己的手机隐私设置、如何规范社交网络平台中的社交礼仪等等。其中最为重要的是,该报告在最后设置了若干链接,分别链接到各社交网站的举报界面、联邦和州政府的报警界面以及严重欺凌行为的举报界面等等,确保青少年能够在自身无法解决网络欺凌问题时得到足够的帮助。[1]

2. 儿童网络安全专员办事处(The Office of the Children's eSafety Commissioner, OCEC)

儿童网络安全专员办事处是澳大利亚政府2015年成立的网络安全服务办事处,负责支持和改善儿童的网络安全问题,并为儿童、家长和老师提供在线培训资源和安全教育,处理关于儿童和青少年网络欺凌事件

---

① 王凌羽."网络欺凌"治理的国际经验初探[D].杭州:浙江工业大学,2017:23.

的投诉。从 2016 年 10 月至 12 月,该机构帮助儿童和青少年解决了 64 起严重网络欺凌的投诉,处理了 1400 多个在线内容投诉,并且通过虚拟课堂和社区演示,将关于网络欺凌的培训覆盖到了 21000 多名儿童和青少年、家长、老师和其他澳大利亚人。[①]

在儿童网络安全专员办事处的官方网站(https://www.esafety.gov.au)中可以看到,该机构设有三部分主要功能。一是"网络欺凌投诉"(Report cyberbullying)。儿童和青少年在遭遇网络欺凌时,可以匿名在网站上发起投诉,会有专人进行谈话,并提供处理问题的建议和策略,如果投诉人年龄在 5—25 岁,还可以拨打全天 24 小时、每周 7 日的免费热线电话(kids helpline 1800551800),获得机密的在线咨询服务。此外,如果儿童和青少年可以提供出现在社交媒体网站中的恶意网络欺凌信息,办事处还有权对其进行删除。二是"教育资源"(Resources for educators)。办事处免费提供一系列关于预防网络欺凌的信息和课程计划。另外,还通过"虚拟课堂"网络研讨会开展"延伸计划",旨在线上培养学生、家长和老师的网络安全意识。三是"数字家长"(iParent)。这项服务是为了帮助家长了解网络环境以及儿童和青少年的网络技术使用情况。例如,教授家长关于如何管理网络设备和连接安全设置的知识,告知网络风险和目前儿童和青少年面临的网络欺凌问题。[②]

3. 澳大利亚通信和媒体管理局(Australian Communications and Media Anthority,ACMA)——Cyber Smart 计划

2005 年,澳大利亚政府将广播管制局和电信管制局合并,成立了通信和媒体管理局,负责澳大利亚的网络管理工作。Cyber Smart(网络智

---

① 数据来源参见:Annual Reports 2015|16 of Australian Communications and Media Authority Office of the Children's eSafety Commissioner[EB/OL]. [2022-10-20]. https://xueshu.baidu.com/usercenter/paper/show? paperid=eed804f59e4ab7f5b8a4ed-9a4856daba&site=xueshu_se.

② 王凌羽."网络欺凌"治理的国际经验初探[D].杭州:浙江工业大学,2017:24.

能)计划是 ACMA 的一项主导计划。这一计划旨在引导儿童和青少年积极参与互联网经济,同时通过展示健康向上、有责任担当的网络行为,鼓励儿童和青少年在网络使用中遵守规则,承担对自己和他人的责任。该计划包括四个关键词:数字足迹(digital footprint)、数字声誉(digital reputation)、数字公民(digital citizenship)和数字媒介素养(digital media literacy)。

Cyber Smart 计划不仅面向儿童和青少年,还扩展了其安全培训计划,为学校、教师和家长配套了一系列活动和资源。例如,与学校联合开发开放培训资源、开展教师职前培训、设置家长的主题论坛等。

4. Alannah 和 Madeline 基金会——eSmart 计划

eSmart(电子智能)计划是由 Alannah 和 Madeline 基金会在 2011 年启动的预防网络欺凌培训计划,共有 1500 多所学校参与。这一计划旨在创建一个由学生、教师和家长组成的社区,学校进行注册后,可以在社区中创建自己的网络欺凌治理实践政策、实践和项目,获取相关资源和信息,并且记录、跟踪和报告他们的进展。该计划主要由六个方面的培训目标组成:建立有效的学校组织来治理网络欺凌;支持学校制订预防网络欺凌计划、政策和项目;形成尊重和关怀的学校社区;对教师进行培训;推广 eSmart 课程;引导学生家长和当地社区的伙伴关系。[①]

5. 澳大利亚"网络友好学校项目"

澳大利亚"网络友好学校项目"(Cyber Friendly Schools,CFS)是一项为期 3 年(2010—2012 年)的培训实验项目,网络欺凌预防和干预培

---

① Chadwick S. Educational approaches [J]//Shanlene Chadwick. Impacts of cyberbullying, building social and emotional resilience in schools. Springer Briefs in Education. Cham: Springer, 2014.

训作为项目计划之一,已在来自 35 所学校的 3400 名青少年中实施。[①]
该计划由以下三个部分组成。一是全校团体部分。由教师组和学生网
络领袖组带领,共同学习和讨论实施 CFS 的计划与预防网络欺凌的方
法,旨在帮助全校师生增强对网络欺凌的理解,提出支持学生社会性和
情感发展的策略,并加强学校、家庭和社区之间的联系。二是学生部分。
每学年提供给八、九年级学生(13—15 岁)一些相关课程,鼓励反欺凌并
教导学生网络欺凌的应对策略,提高他们帮助其他同学的能力以及恢复
力、自控力和社会责任感。八年级课程的主要目的是让学生了解网络欺
凌及其严重后果,教学生识别和应对网络欺凌,让学生明白网络欺凌中
旁观者和同辈压力的影响。九年级的课程有所扩展,增加了一些加深学
生对网络环境理解和网络欺凌应对方法的课程,让他们学会求助、交流,
帮助受欺凌者。三是家长部分。提高家长对青少年使用网络的警觉性,
并增强帮助青少年应对网络欺凌事件的能力。[②] 其中的教学和学习部
分旨在通过关注"5C"来减少网络欺凌对学生的伤害,即(1)context:学
生在网络中的环境(例如 Facebook、聊天室);(2)contact:学生在网络中
的接触;(3)confidentiality:学生管理自己隐私信息的能力;(4)conduct:
学生在网络中的行为和技能;(5)content:学生在网络中获取的内容。[③]
这些研究结果表明,以学校为基础的网络欺凌预防和干预培训计划,侧
重于网络欺凌的群体机制、规范的社会影响、社会支持、同理心和结果预

————————

　　① Cross D, Barnes A. Protecting and Promoting Young People's Social and Emotional Health in Online and Offline Contexts[M]//Wyn J, Cahill H. Handbook of Children and Youth Studies. Springer, 2015：115-126.

　　② 丁欣放,曾珂,段止璇,张曼华.国外网络欺凌干预方案介绍[J].中国学校卫生,2021(2)：166.

　　③ Cross D, Barnes A. Protecting and Promoting Young People's Social and Emotional Health in Online and Offline Contexts[M]//Wyn J, Cahill H. Handbook of Children and Youth Studies. Springer, 2015：115-126.

期,可以减少青少年的网络欺凌行为。

（三）澳大利亚网络欺凌治理经验的启示

澳大利亚是典型的移民国家,多民族形成的多元文化是澳大利亚的鲜明特征之一。澳大利亚人也具有激进和冒险精神,对新事物充满了好奇,青少年在网络和社交媒体中的行为也展现出了低龄化和偏激化趋势。

不难发现,澳大利亚在网络空间的治理中,非常注重培养青少年的数字公民意识,并为此制订了一系列培训计划和应对机制,这对于预防网络欺凌行为的发生起到了积极作用。互联网是一个自由开放的公共空间,青少年作为心智尚未成熟的个体,在实施和应对网络行为中缺少行事经验和处理方法,这一方面将导致青少年有意或无意对他人实施网络欺凌行为,例如由于媒介素养的缺乏和社交礼仪的缺乏,在网络中进行不理智的欺凌行为;另一方面将造成部分青少年在没有保护的情况下,例如由于缺乏隐私的保护意识,在网络中成为被欺凌的对象。而从源头上对青少年使用互联网进行规范引导,有助于将网络欺凌行为遏制在萌芽状态。这主要包括引导青少年认识网络欺凌并识别网络欺凌行为,学会在遭遇网络欺凌时向家长、学校和社会求助和投诉的方法,以及在安全使用网络方面,帮助青少年理解个人隐私的重要性,并且学会如何保护个人隐私和建立良好的网络个人形象。此外,澳大利亚也十分重视网络欺凌受害者的心理预后和辅导,例如开通儿童帮助热线1800551800,为5—25岁的儿童和青少年提供24小时的免费电话咨询服务、建立eheadspace网站,为15—25岁的青少年提供在线咨询服务等。以上规范引导在网络欺凌行为发生后,有利于帮助受害者正确面对和处理问题,而非进一步扩大网络欺凌带来的影响。

除了对儿童和青少年的关注,澳大利亚还将培训和引导工作的对象扩大到了学校、教师和家长身上。学校是学生社会化发展的重要场所，学校和教师需要通过自我培训强化帮助学生抵御网络欺凌的能力，协助学生应对网络环境中不断发生的动态变化和挑战。家长在监控互联网安全使用以及与孩子沟通方面发挥着关键作用，家长应该通过学习更多的网络技术来了解孩子如何使用互联网，以便合理限制其使用时间，并教会孩子在遭遇网络欺凌时，要及时向家长和老师倾诉。澳大利亚对学校、教师和家长的培训主要由专门的培训者来开展，包括开展面对面和基于网络平台的相关活动，有演讲、工作坊、职前教师培训、自我在线培训以及虚拟教室等多种形式。如，互联网安全意识演讲主要给学生、家长和教师提供最新的网络安全信息，使其具备网络使用的风险意识并了解相关防范措施；专业发展工作坊则是面向中小学教师现场开展的工作坊，让教师了解当代学生所使用的技术的现状、增强培养学生成为良好数字公民的信心与能力、认识保护儿童网络安全方面学校和教师的法律义务，并为教师提供相关的教学资源（如案例研究、相关政策和教学计划等），以更好地在课程中融入相关策略来防止网络欺凌；职前教师培训项目则是为有志于成为教师的学生提供的培训项目，通过教学和个别辅导的方式开展，在教学中主要引导职前教师探索关于当代青少年数字文化的知识，在个别辅导中则由培训者对个体进行网络安全教学实践的相关指导。澳大利亚为教师提供了自我在线培训项目，可以给教师提供相关的知识和教学资源。此外，澳大利亚政府和相关教育部门开发了虚拟教室，可以使各地区的学校通过网络参与到拓展项目中来。① 青少年不是与社会绝缘的个体，他们时时刻刻都与周围人发生联系，仅仅针对青少年自身进行的治理措施还远远不够，发挥学校和家长的联动力量，明确

---

① 肖婉，张舒予.澳大利亚反网络欺凌政府监管机制及启示[J].中国青年研究，2015(11)：117.

各方责任,多方共同努力,才能最大限度地解决网络欺凌问题。

五、日本:注重科技防控

（一）日本网络欺凌现象概述

长期以来,网络欺凌都是困扰日本社会的一大问题。2004 年,一位六年级女生用美工刀杀死了同班同学,事发原因为行凶女生对被害人在其个人网页中的留言不满,这一案件对日本社会造成了巨大影响,被称为"日本佐世保小学生杀人事件"。利用手机邮件进行恐吓、要挟也是日本中小学校园中比较流行的网络欺凌方式。一些学生利用手机邮件的隐蔽性,发送一些恶毒匿名邮件给同学,进行恐吓、诽谤。2006 年 11 月,奈良县发生了初中一年级男生因多次收到包含"郁闷""令人生厌""最差劲"等诽谤中伤内容的邮件,而逐渐变得抑郁,并最终退学。更加值得关注的是,很多日本中学生以给朋友发送恐吓邮件为乐,当看到朋友看邮件时的惶恐表情时,他们会有一种"快感"[1]。2008 年 10 月,日本琦玉县某市立中学的一名 14 岁初三女生在家中上吊自杀。她留下遗书指名道姓地谴责自己的朋友,并称"我要报复,我决不饶恕(在网上)说我坏话的人"[2]。根据日本兵库地方教育委员会的一项调查,10％的日本高中生曾经受到过来自电子邮件、网页、博客的骚扰和威吓,其中最常见的方式则是群发受害者的不雅照片、在班级网页上发表侮辱性言论等等。日本神户一名 18 岁男生因为裸体照被同学放在互联网上并受到恐吓和勒索而最终自杀[3]。事实上,早在网络出现以前,日本的欺凌现象

---

① 师艳荣.日本中小学网络欺凌问题分析[J].青少年犯罪问题,2010(2):42.
② 石国亮,徐子梁.网络欺凌的界定及其特点分析[J].中国青年研究,2010(12):8.
③ 陈璐.青少年遭受"网络欺凌"多国通过法律形式惩治校园"网霸"[N].中国文化报,2010-04-15(003).

就已经相当严重,日本也是最早发现并治理这一问题的国家之一。

近年来,日本的网络欺凌现象有增无减。据日本总务省和国土交通省在 2013 年的统计,日本小学、中学以及特殊学校中,涉嫌使用电脑或手机实施欺凌的案件共有 8787 件,占到了 185860 宗欺凌案件中的 4.7%。这一数字比 2012 年的 7855 件增加了约 12%(2012 年网络欺凌案件占到了 198108 宗欺凌案件中的 4%)。其中,网络欺凌在高年级学生中更为普遍,在小学生中的比例约为 1.4%,而在高中生中的比例约为 19.7%。[①]

日本研究者熊琦骏等对日本 884 名小学生、2421 名初中生和 1003 名高中生的网络欺凌状况进行了分组研究。研究发现,日本青少年的网络欺凌行为与信息、通信与技术(Information Communications Technology,ICT)技能和网络礼节密切相关(见表3-9)。在小学生和初中生中,精通 ICT 技能将大大增加网络欺凌的概率,良好的网络礼节则并没有显著影响,但可以减少校园欺凌的概率,然而在高中生中,ICT 技能对网络欺凌的影响较弱,良好的网络礼节则会削弱 ICT 技能对网络欺凌的影响。[②]

---

① Shusuke M. Bullying finds fertile ground in social media[EB/OL]. [2022-10-20]. http://www.japantimes.co.jp/news/2015/01/19/reference/bullying-finds-fertile-ground-social-media/.

② Kumazaki A, Suzuki K, Rui K, Sakamoto A, Kashibuchi M. The effects of netiquette and ICT skills on school bullying and cyber bullying: The two-wave panel study of Japanese elementary, secondary, and high school students[J]. Procedia-Social and Behavioral Sciences, 2011, 29(4): 735-741.

表 3-9　2011 年日本中小学校园欺凌与网络欺凌影响机制分析

	Elementary school		Secondary school		High school	
	Session 1	Session 2	Session 1	Session 2	Session 1	Session 2
Cyber bullying	0.03(0.3)	0.03(0.4)	0.06(0.4)	0.04(0.2)	0.11(0.5)	0.11(0.7)
School bullying	0.63(1.3)	0.50(1.1)	0.71(1.3)	0.61(1.1)	0.53(1.0)	0.45(1.0)
ICT skills	12.6(4.0)	13.3(4.7)	16.7(7.6)	18.8(8.3)	24.8(7.4)	25.5(7.3)
Netiquettes	27.3(5.7)	27.6(5.3)	25.9(5.5)	25.8(5.2)	24.5(4.7)	25.0(4.9)

　　明确网络欺凌行为所带来的伤害是对受害者提供帮助和对欺凌者进行惩戒的前提。但是,倘若对网络欺凌行为所造成的伤害后果表述模糊,则势必导致欺凌行为认定的困难。日本最初规定"身心严重痛苦"作为认定标准,后来去掉"严重",将认定标准改为"身心痛苦"。这一修改表明立法者降低了对欺凌损害结果的要求。[①]

　　(二)日本网络欺凌治理的科技防控

　　随着科技的发展,网络欺凌现象对日本造成了越来越严重的影响。长期以来,日本一直致力于对校园欺凌和网络欺凌的治理。日本政府一方面颁布《欺负防止对策推荐法》,另一方面"从教育的角度对网络欺凌治理的对策进行研究,强调净化互联网环境的重要性。对遭受网络欺凌的学生提供心理辅导,减轻欺凌对他们造成的伤害"[②]。2016 年 3 月,日本文部科学省、内阁府、总务省、警察厅等团体发起了"春之安心网络·新学期共同行动"活动,向儿童和家长普及使用智能手机过程中规避网络欺凌风险和网络安全风险的知识,并且要求对儿童手机中有害的手机

---

　　① 古丽米拉·艾尼.校园网络欺凌:法律界定及治理对策[J].黄河科技学院学报,2019(4): 113.

　　② 金悦.英国中小学网络欺凌及其治理对策研究[D].长春:东北师范大学,2018:7.

软件和网站进行过滤。[①] 日本是科技强国,也具有打击传统校园欺凌的丰富经验,当网络欺凌现象在日本青少年中愈演愈烈时,日本首先采取了技术手段进行控制。

1. 学校网络巡逻系统——"学校卫士"(スクールガーディアン)

为了防治网络欺凌,日本文部科学省成立了"构建使用社交网络服务(Social Networking Services,SNS)的欺凌咨询系统工作组",在公立学校电脑的内部网页里安装了监控软件,作为学生上网时的"网络保安"。这一系统为学校和监护人提供以下五个方面的服务。一是配备搜索和提取工具。通过查找关键词,教师和监护人可以对特定网站和范围内的信息进行风险评估,确定网络欺凌的风险状况;二是人工提取信息。它可以将不同的风险进行等级分类,帮助教师和监护人了解不同类别下的网络欺凌风险;三是提供报告网络欺凌的快捷方式。例如,在确定网络欺凌信息后,可以上报学校领导;四是提供咨询窗口。在学生遭遇网络欺凌时,监护人可以通过这一渠道与学校进行协商;五是支持删除请求。当教师或监护人在网站中发现网络欺凌行为和信息后,可以要求清除这些信息。[②] 由于网站运营服务商与学校建立了协作机制,删除效率非常高。例如,东京都江东区教育委员会以及三重县教育委员会在引入这一方法后,八成以上的删除申请都获成功通过。[③]

此外,这一系统还提供了一个"Twitter 安全程序"(セーフティプログラム for twitter,TSP)。这一程序能够对社交媒体中的网络欺凌情况进行可视化,并对其早期萌芽进行人工监管和报告。如图 3-3 所示,

---

① 徐涵.日本发起"春之安心网络·新学期共同行动"活动[J].世界教育信息,2016(7):77.
② ネットいじめ対策·学校裏サイト対策ならインターネットパトロールのスクールガーディアン[EB/OL].[2022-10-20]. https://www.school-guardian.jp/.
③ 史景轩.日本应对学生网络欺辱的八大策略[J].中小学管理,2013(7):54.

TSP 对 Twitter、2ch、SNS、主页、视频网站和博客这六个网站进行了监测。监测报告显示,四年里网络欺凌行为报告数量越来越多,其中以 Twitter最为严重。[1]

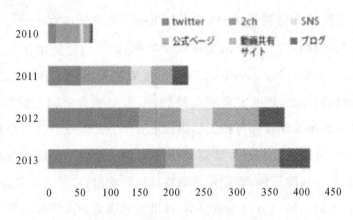

图 3-3　日本 TSP 程序对社交媒体的可视化监管情况

2015 年,该系统还开发了针对儿童网络欺凌的 SNS 咨询服务应用程序——"Kids' Sign"(现为"School Sign")。儿童可以在智能手机上安装这一应用程序,随时随地匿名举报网络欺凌行为,并将信息通过网络或短信传递给学校。

由于地方政府提供的 SNS 咨询服务主要针对县、市立等公立学校,2018 年,日本 Adish 科技公司开发了专为私立学校提供的"LINE 校标"(スクールサイン for LINE)程序。受到网络欺凌伤害的学生可以在"LINE 校标"上发送消息和截图(见图 3-4),其系统内部开发的聊天机器人工具"hitobo"会自动收集需要传达给学校的内容,例如年级和性别等属性,后台将核对收到的所有内容,并立即向学校报告,从而建立学生与学校在社交网络的联系,让学校了解他们的焦虑和担忧,进而帮助学

---

① 王凌羽."网络欺凌"治理的国际经验初探[D].杭州:浙江工业大学,2017:28.

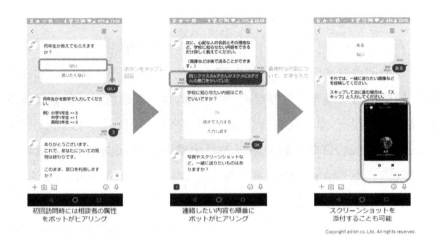

图 3-4　日本"LINE 校标"（スクールサイン for LINE）使用示意图

生解决问题。

　　除了促进遭遇网络欺凌的学生建立与学校的联系，日本 A's Child 科技公司还开发了手机应用程序"Filii（フィリー）"（见图 3-5），帮助学生建立与家长在社交网络的联系。"Filii"由日本青少年保护组织 PTA 协会推荐，并于千叶县柏市进行了示范实验，其目的是让家长通过信息共享，协助青少年预防并及早发现互联网上的欺凌和不当行为。

图 3-5　日本手机应用程序 Filii（フィリー）

2."预告.in"(予告.in)监测系统

在学校网络中安装保护系统是专门面向学生的保护措施,面对越来越严重的网络欺凌问题,日本警视厅还委托互联网公司 Rocket Start 开发了预防网络欺凌行为的互联网预警系统,这一系统能够自动收集涉及网络欺凌的言论,并将这些言论提取、上传到 yokoku. in 网站中。登入yokoku. in 网站,可以看到网站列表栏中实时发布和共享的预告信息,带有欺凌言论关键字的内容将会被志愿者从其他网站(2channel 论坛、博客、Mixi 网等)收集起来,统一发布在公告栏上。公告栏还开放了评论版块,志愿者可以在线发起劝导。此外,用户还可以在该网站提供的搜索引擎中进行检索,并上传信息,或者利用投稿系统,将其他网站的网络欺凌言论共享至该网站,对不当网络行为进行通告和报警。[①]

3. 反垃圾邮件过滤(撃退 迷惑メールセンター)系统

发送包含造谣、诽谤和中伤等信息的垃圾邮件也是实施网络欺凌行为的方式之一。为了应对这一问题,日本六家通信与网络公司联合成立了反垃圾邮件团体(Japan E-mail Anti-Abuse Group,JEAG),该团体包括了互联网服务供应商、移动电话运营商、软硬件开发商等,并对"Outbound Port 25 Blocking"等反垃圾邮件技术和发送域名认证技术的引进进行了评估与探讨。日本通信协会设立了反垃圾邮件网站,并分别针对PC 端、移动电话端、网络邮件端开发了相应软件,以帮助用户远离垃圾邮件。其中,反垃圾邮件网站详细介绍了垃圾邮件的定义和分类,提供了用户阻止垃圾邮件的基本方法(见图 3-6)。

---

① 王凌羽."网络欺凌"治理的国际经验初探[D].杭州:浙江工业大学,2017:28.

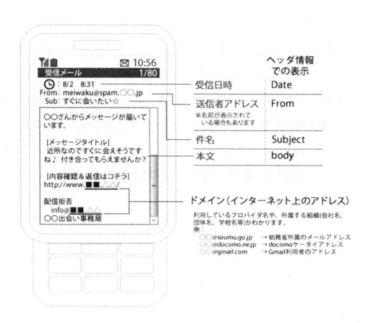

图 3-6　日本通信协会关于检查垃圾邮件示意①

　　日本总务省还专门针对青少年推出了电子邮件过滤服务，对个别安全、有益的网站设置白名单，允许其发送和上传邮件，对交友、赌博等有害网站设置黑名单，限制其对青少年账户的访问，并且在终端设置一定的家长控制权限，通过阻止可疑服务器或 IP 地址发送的邮件，来保障青少年拥有安全的网络环境。

　　2009 年 4 月，日本政府颁布实施了《不良网站对策法》。"2009 年 6 月 30 日，日本政府'网络青少年不良信息对策和环境治理推进会'确定了为保护青少年免受不良信息影响的'互联网使用基本计划'，计划在提及防范不良网站措施时明确写道：'民间单位和个人的自主努力将发挥

---

　　① 王凌羽."网络欺凌"治理的国际经验初探[D].杭州：浙江工业大学，2015：29.

主要作用,中央和地方政府对此予以尊重。'"①

此外,日本还对其他有可能导致网络欺凌行为发生的网站采取了过滤措施。例如,"Google（日本）"在 2008 年导入了"安全搜索（Safe Search）"技术,通过 Google 的过滤技术,可以让青少年安全地使用 Google 的搜索引擎服务;NTTdocomo 提供了"访问限制服务""Web 限制服务""Kids i-mode filter 服务""i-mode filter/ sp-mode filter/黑莓万罗服务"以及"时间限制（夜间）"服务等,确保未满 18 岁的青少年可以安全地使用手机专用网站。②

（三）日本网络欺凌治理经验的启示

第二次世界大战后,日本科技获得了空前发展,但也不可避免地深受网络欺凌的挑战。网络欺凌的蔓延是一个全球性的趋势,然而对日本而言,网络欺凌的匿名性具有更为特殊的影响。对于直接对抗持审慎态度是日本的一种文化规范,青少年在网络空间中,由于网络匿名性带来的便利,更容易实施欺凌行为。③ "技术是社会变迁的原因之一,由技术导致的社会变迁——即为了现实目的而利用知识和工具对环境进行控制——往往具有必然的非计划性。一旦发明了一项新技术,一般来说,人们就会不顾其在道德和社会方面的重大潜在影响而去利用它。"④不仅如此,在日本校园文化中,学生往往会因为个性不一而受到排挤和欺凌,在网络空间中,受到匿名性的影响,被欺凌的学生更容易遭到网络欺凌的攻击。甚至日本的欺凌行为本身就成为了一种"文化",衍生出了

---

① 张东.中国互联网信息治理模式研究[D].北京:中国人民大学,2010:65.

② 陈昌凤.网络治理与未成年人保护——以日韩青少年网络保护规制为例[J].新闻与写作,2015(11):53.

③ Lerner D, Kulhavy L C, Nakagawa K, Ladd B. Cyberbullying among children in Japanese and American middle schools: An exploration of prevalence and predictors[EB/OL]. [2022-10-20]. 2011:165. htpps://www.mendeley.com/catalogue/ebdb8cf4-8879-3391-9ce9-0cdd8d1f2c06/

④ 戴维·波普诺.社会学[M].李强,译.北京:中国人民大学出版社,2007:27.

IJIME(欺凌,いじめ)这样的专有名词。日本曾采用制作和发放长达 74 页的《网络欺凌的应对手册及事例集(「ネット上のいじめ」に関する対応マニュアル·事例集(学校·教員向け))》的方式,向学校和教师传授应对网络欺凌的技巧,但收效甚微。

在思想文化根深蒂固时,强制措施和科技手段的引入就成为暂行之策。日本通过《青少年互联网环境整备法》,规定手机企业、网站等互联网通信服务提供商有义务为青少年提供免费的过滤软件,对青少年接触到的网络信息按照一定的基准进行筛选。当青少年因为网络信息导致重大人权伤害时,互联网通信服务提供商要在日本法务省等相关机构要求下对这些有害信息及时执行删除操作。此外,日本还通过技术手段推行网络管理员问责制,规定当被害人提供充足的被欺凌证据时,网络管理员也有义务配合清除相关内容。① 同时,开发和使用的"学校卫士"等网络欺凌行为监测和控制系统,也在短期内对青少年网络欺凌行为起到了提前预防和快速抑制的作用。

技术并非万能良药,"问题不在于技术,而在于人类自身"。但是对于中国而言,日本在治理网络欺凌问题中的技术思路、防控措施以及具体的网站和应用程序功能,仍然是可资借鉴的有效手段。

综上可知,世界主要发达国家的网络欺凌治理经历了一个从自发到自觉的过程。虽然"西方国家在逐步转向国家理性和善治的同时,国家权力也在扩张",但是,在此条件下,其网络欺凌治理主要遵循三个基本原则,"其一,尊重法治(不同于法制)。没有法治就没有善治的基础。其二,政府对社会的管理要理性、适度,懂得常态与非常态管理之别并保护和爱护正当的自发性。政府只有在自由、开放的社会普遍规则和法治范

---

① 姚宁,黄伟.中国青年网络欺凌的安全保护——以日本网络欺凌防护措施为鉴[J].现代经济信息,2016(4):298.

围内才能合法地干预市场和社会。其三,国家与社会尽可能地采取协商、合作的方式互动,也就是法治下的文明互动。当各个方面的相关者都被纳入法治化程序的时候,社会秩序受到的威胁被降到最低程度。"①

① 张旅平,赵立玮.自由与秩序:西方社会管理思想的演进[J].社会学研究,2012(3):44.

第四章　网络欺凌治理的中国实践

如前所述,通观全球网络欺凌治理模式,它不仅需要具备共同性的世界特征,还需要具有本地化的中国特色,机械地复制外来模式,既脱离历史又脱离现实。如何立足国情将域内域外两种禀赋特征互鉴融汇,相互促进,委实需要经过一段时间的治理实践与成效检验。

据《青少年蓝皮书:中国未成年人互联网运用报告(2020)》披露,我国"未成年人首次触网年龄不断降低,10岁及以下开始接触互联网的人数比例达到78%,首次触网的主要年龄段集中在6—10岁。'出生越晚,触网越早'的趋势更加显著"①。随着互联网普及率的日益提高和青少年"触网"年龄的日趋低龄化,网络安全已经成为我国青少年权益保护工作的重点。政府、社会、学校、家庭等各方如何各负其责,相互配合,共同有效预防青少年网络欺凌,及时消除滋生青少年违法犯罪行为的各种消极因素,为青少年身心健康发展创造良好的社会环境,成为全社会义不容辞的共同责任。

---

① 张赛.《青少年蓝皮书:中国未成年人互联网运用报告(2020)》在京发布[EB/OL].(2020-09-22)[2022-10-20].http://www.cssn.cn/zx/bwyc/202009/t20200922_5185844.shtml.

一、我国网络空间治理的基本方针

网络空间治理本质上是文明治理。党的十九届四中全会指出,"必须加强和创新社会治理,完善党委领导、政府负责、民主协商、社会协同、公众参与、法治保障、科技支撑的社会治理体系,建设人人有责、人人尽责、人人享有的社会治理共同体"①。

网络空间治理是一项持久的、动态的、系统的社会治理工程。网络欺凌行为若要得到有效遏制,有赖于网络空间治理的科学规划、系统设计和统筹协调。为防范和化解网络空间导致的社会风险,我国政府秉持"以人为本"的理念,"坚持积极利用、科学发展、依法管理、确保安全的方针"②,把网络空间治理当作创新社会治理与国家治理体系和治理能力现代化相互关联的重要内容来部署,着力从立法、技术、教育、合作等层面解决治理困境,通过加强顶层设计、完善法律法规、创新管理机制等手段,构建起一套较为完备的网络空间治理体系——以政府部门为主导、以社会力量为主体、网民自主参与的多元化治理结构,为可见性地减少网络欺凌风险发生的频次、消除网络欺凌对青少年健康成长和社会稳定造成的消极影响创造了良好的外部条件。

(一)积极利用

如果说"以往的技术,基本上都是客体技术,即通过制造工具、使用工具来改造自然客体的技术",那么,虚拟实在则是一种"用来制造人本

---

① 新华网.中共中央关于坚持和完善中国特色社会主义制度推进国家治理体系和治理能力现代化若干重大问题的决定[EB/OL].[2022-10-26]. http://www.xinhuanet.com/politics/2019-11/05/c_1125195786.htm.

② 中国共产党第十八届中央委员会.中共中央关于全面深化改革若干重大问题的决定[EB/OL].(2023-11-15)[2022-10-26]. http://politics.people.com.cn/n/2013/1115/c1001-23559207.html.

身、改造人的本性、或重建人的整个经验世界的"主体技术,它将对整个人类文明的根基产生颠覆性的影响。[①]"互联网的诞生,形塑了一个经由互联网中介的全新沟通与互动场景。互联网对社会互动的影响,不仅体现在互联网打破了时空、地域、社会分层等现实因素对互动的限制,还体现在互联网创造了一个全新的互动空间,形塑了一种新的社会互动形式。在网络空间中,行动者并不需要像在现实社会交往中那样面对面地亲身参与沟通,而能够以一种'身体不在场'的方式展开互动。"[②]由于网络技术的赋能和社会创新的加持,马克思在《德意志意识形态》中所预言的全球范围的普遍交往必然代替地域性的交往如今已经成为现实。互联网无与伦比的开放汇聚、交流互动、融合创新的功能,在拓展青少年社会参与的实践空间的同时,也为他们的日常生活注入了新的活力和动力,丰富了他们精神交往的方式和手段。

网络的本质在互联,信息的价值在互通。全球联通的网络社会与多种文化交汇,形成多元文化,于是它与世界每个地域的历史和地理便产生了关联。按照波普诺的社会群体理论,"网络主体间的共同利益即是满足其工具性需要的行为学基础,而寻求认同则是满足其表意性需要的社会心理基础。所谓工具性需要,是指群体可以帮助成员去做那些不容易单独完成的工作。对于网络社会主体而言,其最广泛的共同利益主要包括两个方面,一是获取和交流信息(即功能驱动),二是维系和发展人际关系(人际驱动)。所谓表意性需要,是指群体帮助其成员实现情感欲望,通常是提供情感支持和自我表达的机会。依据群体凝聚力理论,个体的相似性(如共同的兴趣和关注的话题等)和共同利益的确使得网民

① 翟振明.赛博空间及赛博文化的现在与未来——虚拟实在的颠覆性[J].开放时代,2003(3):101.
② 黄少华.社会资本对网络政治参与行为的影响——对天津、长沙、西安、兰州四城市居民的调查分析[J].社会学评论,2018(4):22.

之间更容易发展出相互的好感和喜爱,尤其是只有通过个体合作才能实现的目标具有'促进性互依'的性质"①。积极发展好、利用好互联网,就是一方面要强化互联网思维,坚持"发展为了人民、发展依靠人民、发展成果由人民共享""让互联网更好造福人民"的初心,更好地满足人民群众对美好生活的新期待和新需求,让人民群众共享更多的互联网发展成果;另一方面要加快全球网络基础设施建设,促进互联互通;打造网上文化交流共享平台,促进交流互鉴;推动网络经济创新发展,促进共同繁荣;保障网络安全,促进有序发展;构建互联网治理体系,促进公平正义,构建休戚与共的人类网络空间命运共同体。

(二)科学发展

随着互联网技术的快速发展和移动终端设备的普及应用,"数字原住民"成为繁荣我国网络事业和网络文化的生力军,"数字化生存"成为新时代亿万民众全新的生活方式。这一新形势、新变化对网络强国建设提出了更高要求。为此,党的十九届五中全会适时提出了建设网络强国和数字中国的重要战略目标。

建设网络强国和数字中国,必须贯彻以人民为中心的发展思想。实现网络空间治理的科学发展,关键是让人民群众在信息化发展中享有更多的获得感、幸福感、安全感。而尊重"数字原住民"一代的成长规律,重视大数据、人工智能、移动通信、云计算等新技术对其成长的赋能作用,保障他们生存与发展应当享有的基本权利,则是网络信息技术成果普惠的具体体现。

2014年2月,习近平总书记在主持中央网络安全和信息化领导小组第一次会议上,整体擘划了我国建设网络强国的"五大路径",即"要有

---

① 何明升,等.网络治理:中国经验和路径选择[M].北京:中国经济出版社,2007:84-85.

自己的技术,有过硬的技术;要有丰富全面的信息服务,繁荣发展的网络
文化;要有良好的信息基础设施,形成实力雄厚的信息经济;要有高素质
的网络安全和信息化人才队伍;要积极开展双边、多边的互联网国际交
流合作。"唯其如此,才能实现"网络基础设施基本普及、自主创新能力显
著增强、信息经济全面发展、网络安全保障有力"①的网络强国建设的总
目标,抢占新技术革命的制高点,赢得发展的主动权。实践证明,党的十
八大以来,我国网络基础设施加快推进,网络传输能力也不断得到增强,
网络空间精神家园中的获得感、幸福感和安全感显著提升。

（三）依法管理

手机等移动终端的不断迭代,给我们带来了眼花缭乱的屏上世界,
带来了比现实时空还要强大的虚拟时空,带来了全新的掌上生活。在网
络空间里,人人可观可言,世界触手可及。然而,虚拟世界越是自由开
放,就越需要确立网民共同遵守的基本准则,划定网络言行的规矩边界。
坚守"法律法规底线、社会主义制度底线、国家利益底线、公民合法权益
底线、社会公共秩序底线、道德风尚底线、信息真实性底线",既是"权利
责任对等"的要求,也是"回归常识、回归责任的努力"②。

"在信息时代,由于互联网等信息技术的驱动,一个由信息生产者、
信息传递者、信息分解者、信息消费者与外界环境之间构成的信息生态
系统已然形成。信息生态系统仍然是一个技术支撑下的社会系统,自然
也会产生信息伦理问题,如信息霸权、信息污染、信息侵犯等。信息伦理
是调整人与人、人与社会信息关系的行为规范的总和。"③例如,针对青
少年网络欺凌主要通过即时信息、社交网站、电子公告板等平台实施的

① 习近平.习近平谈治国理政(第一卷)[M].北京:外文出版社,2018:198.
② 人民日报评论部.珍惜网络"意见共同体"[N].北京:人民日报,2013-08-13(005).
③ 周金花.信息伦理问题解决的对策探究[J].中国信息技术教育,2021(9):10.

情况,为保护青少年的在线安全,即时通信工具、微博、贴吧、论坛等产品所在的互联网企业不断增强法律意识,用法规制度来规范用户行为。《计算机信息网络国际联网管理暂行规定实施办法》于 1996 年 2 月颁布,并在 1997 年 5 月进行了修订。它规定了:(1)所有国际的互联网通信必须通过官方认证;(2)所有互联网服务的提供者必须得到许可;(3)互联网用户需要注册;(4)禁止"破坏性的"或者"淫秽的"有害信息传播。公安部 1997 年 12 月发布条例来增强"网络安全",它从更广的意义上说明了"有害信息"和"有害活动"的类型。[①] 2017 年 9 月 8 日,微博发布《关于微博推进完成账号实名制的公告》,要求所有用户需在当年 9 月 15 日前完成实名认证,否则无法发送评论和更新状态。实名认证制的实施,在弥补网络治理短板与漏洞的同时,对阻遏青少年利用网络空间作恶发挥了较大的威慑作用。"使网络清朗起来",营造良好的网络生态环境。

(四)确保安全

网络安全等非传统安全是当今人类面临的共同挑战之一。网络安全事关党的长期执政,事关国家的长治久安,事关经济社会发展和人民群众的切身利益。"没有网络安全就没有国家安全,没有信息化就没有现代化。"[②]随着全球网络竞争日趋白热化,如何培养防范化解网络发展重大风险的能力、增强全球网络发展的忧患意识和底线思维,成为我国各级政府必须思考和解答的重大课题。

着眼于"建久安之势、成长治之业",习近平同志强调指出,网络安全

---

① 曼纽尔·卡斯特.网络社会:跨文化的视角[M].周凯,译.北京:社会科学文献出版社,2009:126.

② 中央网信办网.习近平的网络安全观[EB/OL].[2022-10-20].http://www.cac.gov.cn/2018-02/02/c_1122358894.htm.

和信息化是一体之两翼、驱动之双轮,必须统一谋划、统一部署、统一推进、统一实施。[①] 他还谆谆告诫,"要树立正确的网络安全观,加快构建关键信息基础设施安全保障体系,全天候全方位感知网络安全态势,增强网络安全防御能力和威慑能力。"[②]为此,我国把网络安全纳入经济社会发展全局来统筹谋划部署,大力推进网络安全和网络信息保护工作,深入开展宣传教育,增强网络安全意识;制定配套法规政策,构建网络安全制度体系;提升安全防范能力,着力保障网络运行安全;治理违法违规信息,维护网络空间清朗;加强个人信息保护,打击侵犯用户信息安全违法犯罪;加大支持力度,推进网络安全核心技术创新,意在"坚持技术和管理并重、保护和震慑并举,着眼识别、防护、检测、预警、响应、处置等环节"[③],真正使我国从网络大国走向网络强国。

二、我国网络欺凌治理的路径选择

网络空间是人类共同的生活家园。网络空间需要网民建立自我约束的理性和遵守规则的秩序,惟其如此,网络世界方能实现互联互通、开放共享的长久自由。加大网络空间的共同责任治理,是我国网络欺凌治理的根本方法。

根据美国著名心理学家尤里·布朗芬布伦纳(Urie Bronfenbrenner)的生态系统理论,社会环境乃是一种社会生态系统,这个生态系统是由微系统、内部系统、外部系统、宏观系统四个部分构成的,任何一个系统都有各自的角色定位和运行规则,都会对人类的行为产生潜移默化

---

① 中央网信办网.习近平的网络安全观[EB/OL].[2022-10-22].http://www.cac.gov.cn/2018-02/02/c_1122358894.htm.

② 中央网信办网.习近平的网络安全观[EB/OL].[2022-10-22].http://www.cac.gov.cn/2018-02/02/c_1122358894.htm.

③ 王春晖,程乐.构建网络强国的五大路径[J].中国电信业,2020(10):11.

的影响。由于人类社会的每一个生命个体都生活在整体的生态系统之中,因此,我们研究青少年的网络欺凌行为,就不仅要微观考察每个个体的性格特质,还应该宏观分析每个个体所处的教育环境,包括家庭、学校、社区、社会等相互联系的多个层面,如此才有可能形成合力,形成各负其责的多级预防和治理体系,从根本上防微杜渐,保障和促进青少年的身心健康。具体地说,在宏观层面,完善法律法规,创新科技防控,加强宣传教育;在中观层面,开展家校合作共建,加强网络环境综合治理;在微观层面,减少青少年网络暴露行为,控制行为偏差。

(一)网络欺凌治理的法律规制

以良法促进发展、保障善治,是国家治理体系和治理能力现代化建设的关键内容。自从 1994 年中国获准加入互联网以来,我国政府始终高度重视网络技术的发展与应用,高度重视互联网环境下未成年人的权益保护问题。进入 21 世纪,我国网络空间治理力度进一步加大,立法数量与速度呈明显上升趋势。

1. 立法保护未成年人的合法权益

早在 20 世纪 90 年代,作为《儿童权利公约》的起草国和签约国之一,我国就开始履行《儿童权利公约》,“保护儿童免受身心摧残、伤害或凌辱,忽视、虐待或剥削,包括性侵犯”,[1]并结合我国国情出台了一系列保护未成年人生存、发展的法律、法规和政策措施,同时对未成年人的相关权益和义务做出了规定,使我国未成年人权益保护走上了法制化、程序化的道路。[2]

2015 年 6 月 30 日,国家互联网信息办公室针对“网上涉及对未成年

---

① 李文涛.中日两国大学生儿童期虐待与忽视经历与其心理行为关系的研究[D].太原:山西医科大学,2014:46.

② 刘欢.我国未成年人网络欺凌法律规制研究[D].石家庄:河北大学,2018:14.

人进行欺凌、侮辱的报道和涉及未成年人犯罪的报道呈增多趋势"，发布了《关于进一步加强对网上未成年人犯罪和欺凌事件报道管理的通知》。对网上涉及未成年人犯罪和欺凌事件报道，做出了"不得披露未成年人的姓名、住所、照片及可能推断出该未成年人的资料；不得披露未成年人的个人信息，避免对未成年人造成二次伤害"等十项严格要求。

《中华人民共和国未成年人保护法》和《中华人民共和国预防未成年人犯罪法》，是我国未成年人法律保护体系中最为基础的两部法律，构成了未成年人法律保护体系中的主体部分。2020 年 10 月新修订的《中华人民共和国未成年人保护法》，积极回应时代发展和社会变革的需要，在制度层面进行设计以应对实践中出现的种种问题，对保护的具体内容进行了系统性的解释，对构建良性的网络内容生态、打造健康的网络传播环境、保障未成年人在网络空间的合法权益都将产生积极而深远的影响。该法在 2017 年至 2020 年的四年时间里，历经三次审议、两次公开征求意见，设立了多项未成年人网络保护管理制度。此次修订的最大创新和亮点就是增设了"网络保护"专章，对网络沉迷、网络欺凌、隐私和个人信息泄露等热点难点做出具体规定。其中第七十七条明确禁止网络欺凌，"任何组织或者个人不得通过网络以文字、图片、音视频等形式，对未成年人实施侮辱、诽谤、威胁或者恶意损害形象等网络欺凌行为。与此同时，法律还授权未成年人及其父母或者其他监护人有权通知网络服务提供者采取删除、屏蔽、断开链接等措施，网络服务提供者接到通知后，应当及时采取必要的措施制止网络欺凌行为，防止信息扩散"。这一立法制度设计"更加强调未成年人网络保护工作中的综合治理模式，不仅规定了国家、社会、学校和家庭等各方主体在未成年人网络保护中的作用，还明确了统筹协调的管理机制；不仅规定了强制性的行政手段，也规定了教育、引导等非强制性手段"①,意在将网络欺凌行为装进法治的笼子,使欺凌者心怀忌惮,对规则心生敬畏,对网友更加尊重。

2020 年 12 月,第十三届全国人大常委会第二十四次会议修订通过的《中华人民共和国预防未成年人犯罪法》,是为了保障未成年人身心健康,培养未成年人良好品行,有效预防未成年人违法犯罪制定的法律,2021 年 6 月 1 日起开始施行。该法第二十条要求"教育行政部门应当会同有关部门建立学生欺凌防控制度。学校应当加强日常安全管理,完善学生欺凌发现和处置的工作流程,严格排查并及时消除可能导致学生欺凌行为的各种隐患"。第二十八条明确禁止未成年人"沉迷网络""阅览、观看或者收听宣扬淫秽、色情、暴力、恐怖、极端等内容的读物、音像制品或者网络信息等"及从事"其他不利于未成年人身心健康成长的不良行为";第四十八条明确了家长履行其监护与管教职责、支持和配合学校进行管理教育的义务,"专门学校应当与接受专门教育的未成年人的父母或者其他监护人加强联系,定期向其反馈未成年人的矫治和教育情况,为父母或者其他监护人、亲属等看望未成年人提供便利"。第八条要求工、青、妇、残、关等人民团体及有关社会组织"为预防未成年人犯罪培育社会力量,提供支持服务"。

2. 营造未成年人健康成长的清朗网络空间

1998 年 2 月,国务院信息化工作领导小组发布《中华人民共和国计算机信息网络国际联网管理暂行规定实施办法》,"用户应当服从接入单位的管理,遵守用户守则;不得擅自进入未经许可的计算机系统,篡改他人信息;不得在网络上散发恶意信息,冒用他人名义发出信息,侵犯他人隐私;不得制造、传播计算机病毒及从事其他侵犯网络和他人合法权益

---

① 何波.《未成年人保护法》修订:十大制度亮点推动未成年人网络保护进入新阶段[EB/OL].[2021-07-08].https://mp.weixin.qq.com/s/i4abkStAIQ9N4mXYKD2W4g.

的活动",以促进我国计算机信息网络健康有序的发展。

2002年8月,国务院第62次常务会议通过《互联网上网服务营业场所管理条例》(以下简称《管理条例》),旨在保障互联网上网服务经营活动健康发展,促进社会主义精神文明建设。《管理条例》严厉禁止"中学、小学校园周围200米范围内和居民住宅楼(院)内不得设立互联网上网服务营业场所",严格要求"互联网上网服务营业场所经营单位和上网消费者不得利用互联网上网服务营业场所制作、下载、复制、查阅、发布、传播或者以其他方式使用含有侮辱或者诽谤他人,侵害他人合法权益"等内容的信息。随后,文化部还专门下发了《文化部关于贯彻〈互联网上网服务营业场所管理条例〉的通知》,呼吁全社会大力推进网络文明活动,形成文明上网的道德规范和舆论环境。

2006年5月,国务院修订公布了《信息网络传播权保护条例》(以下简称《条例》)。《条例》全文27条,对信息网络的合理使用、法定许可、避风港原则、版权管理技术等一系列内容作了比较详尽的规定,对我国在《中华人民共和国著作权法》中首次以法律的方式确立的"信息网络传播权"这一民事权利进行了进一步的完善。它的实施使我国网络用户的网络传播和使用从此有法可依,有助于结束网络世界长期以来混沌、迷茫的状态,加速产业发展,促进信息网络繁荣。

2012年12月,第十一届全国人大常委会第三十次会议通过的《全国人民代表大会常务委员会关于加强网络信息保护的决定》(以下简称《决定》),强调国家保护能够识别公民个人身份和涉及公民个人隐私的电子信息,明确了保护公民个人电子信息安全权实体和程序方面的法律制度。这一《决定》适应了互联网健康有序发展的现实需要,呈现出五个方面的亮点,即加强公民个人电子信息的保护、明确网络信息保护的责任主体、规定责任主体的法定义务、为公民维权提供法律保障、明确违法者应承担的法律责任。

2013 年 11 月,中国共产党十八届中央委员会第三次全体会议通过的《中共中央关于全面深化改革若干重大问题的决定》(以下简称《决定》)首次提出"建设法治中国,必须坚持依法治国、依法执政、依法行政共同推进,坚持法治国家、法治政府、法治社会一体建设"。创新社会治理,必须"坚持积极利用、科学发展、依法管理、确保安全的方针,加大依法管理网络力度,完善互联网管理领导体制",其"目的是整合相关机构职能,形成从技术到内容、从日常安全到打击犯罪的互联网管理合力,确保网络正确运用和安全"。立足保障国泰民安和促进社会发展,《决定》把"依法管理"正式写入了网络空间治理的总方针,并新设国家安全委员会这一组织机构。

2017 年 11 月,教育部、中央综治办、最高人民法院、最高人民检察院、公安部、民政部、司法部、人力资源和社会保障部、共青团中央、全国妇联、中国残联等 11 个部门联合以规章的形式,向全国印发了《加强中小学生欺凌综合治理方案》(以下简称《治理方案》)。《治理方案》确立了"教育为先、预防为主、保护为要、法治为基"的基本原则,明确了职责分工,要求从学校、家长两方面开展学生欺凌事件的预防工作。治理内容和措施包括:明确学生欺凌的界定、建立健全防治学生欺凌工作协调机制、积极有效预防、依法依规处置、建立长效机制,形成多部门有效沟通、各负其责、齐抓共管的良好局面。

2019 年 12 月,国家互联网信息办公室发布《网络信息内容生态治理规定》(以下简称《规定》),旨在营造良好的网络生态环境,保障公民、法人和其他组织的合法权益,维护国家安全和公共利益。法规全文八章四十二条,"坚持系统治理、依法治理、综合治理、源头治理,系统规定了网络信息内容生态治理的根本宗旨、责任主体、治理对象、基本目标、行为规范和法律责任,为依法治网、依法办网、依法上网提供了明确可操作的制度遵循"①。《规定》明令网络信息内容服务使用者和生产者、平台不得开展网络暴力、人肉搜索、深度伪造、流量造假、操纵账号等违法活动,对《中华人民共和国国家安全法》《中华人民共和国网络安全法》和《互联网信息服务管理办法》做了必要的有益补充,标志着我国互联网制度整体架构的大致完成。

3. 依法惩治危害未成年人身心健康的网络欺凌行为

2000 年 12 月,全国人大常委会通过的《关于维护互联网安全的决定》,明确"利用互联网侮辱他人或者捏造事实诽谤他人""非法截获、篡改、删除他人电子邮件或者其他数据资料"等行为属于犯罪行为,要依法追究行为实施人的刑事责任,同时明确规定了网络服务提供者的法律责任。该法规的施行,有助于促进我国互联网的健康发展,维护国家安全和社会公共利益,保护个人、法人和其他组织的合法权益。

2016 年 11 月颁布的《中华人民共和国网络安全法》具有里程碑意义。它增加了关于未成年人网络保护的专门规定,是我国第一部全面规范网络空间安全管理方面问题的基础性法律,是治理互联网、解决网络风险的法律武器,是让互联网在法治轨道上健康运行的重要保障。根据该法第六条,"国家倡导诚实守信、健康文明的网络行为,推动传播社会主义核心价值观,采取措施提高全社会的网络安全意识和水平,形成全社会共同参与促进网络安全的良好环境"。第十三条进一步规定,"国家支持研究开发有利于未成年人健康成长的网络产品和服务,依法惩治利用网络从事危害未成年人身心健康的活动,为未成年人提供安全、健康的网络环境"。这部法规坚持共同治理原则,要求采取措施鼓励全社会

---

① 北京青年报.《网络信息内容生态治理规定》2020 年 3 月 1 日起施行禁止开展人肉搜索等违法活动[N].北京青年报,2020-12-22(A03).

共同参与,政府部门、网络建设者、网络运营者、网络服务提供者、网络行业相关组织、高等院校、职业学校、社会公众等都应根据各自的角色参与网络安全治理工作,突出了问题导向和时代特色,对弥补网络空间治理立法的短板、填补网络空间治理的法律空白具有积极的促进作用。

2021 年 6 月 10 日,十三届全国人大常委会第二十九次会议表决通过的我国首部《中华人民共和国数据安全法》,预示着我国数据开发与应用将全面进入法制化轨道。法规对数据、数据处理、数据安全进行了明确界定,要求"开展数据处理活动,应当遵守法律、法规,尊重社会公德和伦理,遵守商业道德和职业道德,诚实守信,履行数据安全保护义务,承担社会责任,不得危害国家安全、公共利益,不得损害个人、组织的合法权益"。它对网络欺凌治理将会起到很好的规范和引导作用。

2021 年 9 月起正式实施的《教育部关于未成年人学校保护规定》明确指出,应对青少年学生之间"通过网络或者其他信息传播方式捏造事实诽谤他人、散布谣言或错误信息诋毁他人、恶意传播他人隐私的欺凌行为"采取"零容忍"态度。

我国网络空间治理重要法律法规见表 4-1。

表 4-1　我国网络空间治理重要法律法规一览

序号	名称	立法时间	颁布部门	主要内容
1	《计算机信息网络国际联网安全保护管理办法》	1997	国务院	任何单位和个人不得利用国际联网制作、复制、查阅和传播捏造或者歪曲事实、散布谣言、扰乱社会秩序的信息

续表

序号	名称	立法时间	颁布部门	主要内容
2	《中华人民共和国计算机信息网络国际联网管理暂行规定实施办法》	1998	国务院信息化工作领导小组	不得在网络上散发恶意信息,冒用他人名义发出信息,侵犯他人隐私
3	《关于维护互联网安全的决定》	2000	全国人大常委会	禁止利用互联网侮辱他人或者捏造事实诽谤他人
4	《互联网上网服务营业场所管理条例》	2002	国务院	禁止利用互联网上网服务营业场所制作、下载、复制、查阅、发布、传播或者以其他方式使用含有侮辱或者诽谤他人,侵害他人合法权益等内容的信息
5	《信息网络传播权保护条例》	2006	国务院	对"信息网络传播权"这一民事权利作了进一步完善
6	《全国人大常委会关于加强网络信息保护的决定》	2012	全国人大常委会	国家保护能够识别公民个人身份和涉及公民个人隐私的电子信息
7	《信息安全技术公共及商用服务信息系统个人信息保护指南》	2013	工业和信息化部	个人敏感信息在收集和利用之前,必须首先获得个人信息主体明确授权
8	《电信和互联网用户个人信息保护规定》	2013	工业和信息化部	收集、使用用户个人信息应当遵循合法、正当、必要的原则,并对用户个人信息安全负责

续表

序号	名称	立法时间	颁布部门	主要内容
9	《中华人民共和国网络安全法》	2016	全国人大常委会	我国第一部全面规范网络空间安全管理方面问题的基础性法律
10	《中华人民共和国未成年人保护法》	2020	全国人大常委会	新增"网络保护""政府保护"专章。对网络沉迷、网络欺凌、隐私和个人信息泄露等热点难点作出具体规定
11	《中华人民共和国预防未成年人犯罪法》	2021	全国人大常委会	保障未成年人身心健康,培养未成年人良好品行,有效预防未成年人违法犯罪

(二)网络欺凌治理的社会参与

1. 完善传统的"以政府为中心"的治理模式

"从政府角度讲,共建网络社会首先需要调整治理思路,从全能型政府转向服务型政府。这样的政府是沿着'网民—市场—社会—政府'的先后顺序来构建政府职能的,即网民自己能解决的由网民自己解决;网民不能自己解决而市场能够解决的,由市场来解决;市场不能解决而社会能解决的,由社会解决;社会也解决不了的才由政府出面进行管理和提供充分的服务。"①

广泛的社会公民参与是网络欺凌治理的社会基础。客观上,"中国网民也在一个既具有中国特色又有世界特性的互联网文化中形成他们

---

① 张东.中国互联网信息治理模式研究[D].北京:中国人民大学,2010:189.

的网络认同。从一个大的范围来说,互联网用户之间认同的形成是一种塑造过程,它是由技术在地理分布上的不均衡性、用户人口统计上的相对均衡性、审查制度以及党和政府及多国公司促使的积极消费等产生的"①。从根本上说,"以公民为中心的治理实际上表达了这样一种愿望,那就是实现专业的官僚与政治家、公民之间的良性互动,最终使得公民的利益与愿望能够直接地在社会治理的过程中得到真实的反映,而官僚的专业化治理也直接地服务于公民的利益与需求。它力图在传统的政治架构之外,推进社会治理的民主化进程,也是对传统的'以政府为中心'的治理模式的超越或完善"②。换句话说,社会治理的理想图景应当是"让社会治理回归生活世界,以交往理性规训、引导技术理性,通过公民在交往活动中所取得的共识来建构行政权的活动,这正是公民参与及民主治理的核心机制"③。当然,我们也必须充分认识到,社会治理的结果在最终意义上取决于合作行为的水平。

2. 建构阐释网络欺凌行为的分析模式

英国著名社会学家安东尼·吉登斯曾提示从事社会理论和社会研究的学者们,要能够藉助清明的理性,透过纷繁复杂的社会现象,"对人的社会活动和具有能动作用的行动者的性质做出理论概括"④。网络欺凌治理无疑就是这样一个亟待人文科学和社会科学研究者破题和解答的重要课题。面对网络欺凌所引发的青少年身心健康与安全以及诸多的社会问题,构建一个符实且有创意的分析模式,以阐释移动互联时代

---

① 曼纽尔·卡斯特.网络社会:跨文化的视角[M].周凯,译.北京:社会科学文献出版社,2009:126.

② 王家峰.行政权的共和化[M].南京:南京师范大学出版社,2015:259.

③ 王家峰.行政权的共和化[M].南京:南京师范大学出版社,2015:260.

④ 安东尼·吉登斯.社会的构成:结构化理论大纲[M].李康,李猛,译.北京:生活·读书·新知三联书店,1998:36.

青少年社会交往的方式和特征,以及形构这些行为方式、类型背后所隐含的社会文化心理结构,是我国网络欺凌研究所面临的主要挑战和急需突破的重心所在。

2021年6月25日,南京师范大学新闻与传播学院国家社科基金重大项目"我国青少年网络舆情的大数据预警体系与引导机制研究"课题组围绕"时代之势:青少年网络舆情与国家治理现代化"的主题,就青少年网络舆情的历史回顾、理论探讨、方法创新、引导机制和政策建议等五个方面的关键问题,举办首届中国青少年网络舆情研究学术年会,共同探讨青少年网络舆情预警和治理,为我国青少年事业的发展和国家治理现代化献计献策。据报道,南京师范大学策划每年举办一届中国青少年网络舆情研究学术年会,争取为青少年网络舆情研究搭建一个学术平台,为青少年网络舆情大数据预警提供技术支持,为青少年网络舆情的有效治理提供对策和建议。①

3. 建立网络欺凌综合治理体系

新时代中国特色社会主义社会主要矛盾的转化,使得为广大网民特别是青少年营造一个风清气正的网络空间成为全社会的共同责任。"坚持正确舆论导向,高度重视传播手段建设和创新,提高新闻舆论传播力、引导力、影响力、公信力。加强互联网内容建设,建立网络综合治理体系,营造清朗的网络空间。"②这成为各级党委和政府坚持立法与执法相统一,多措并举加强网络综合治理,广泛动员社会各方面力量,形成关

---

① 郑涵冰,杨雨薇.国家社科基金重大项目《我国青少年网络舆情的大数据预警体系与引导机制研究》顺利开题[EB/OL].(2021-07-02)[2022-10-20].http://xinchuan.njnu.edu.cn/info/1014/4586.htm.

② 习近平.决胜全面建成小康社会 夺取新时代中国特色社会主义伟大胜利——在中国共产党第十九次全国代表大会上的报告[EB/OL].(2017-10-18)[2022-10-20].https://www.ccps.gov.cn/xxsxk/zyls/201812/t20181216_125667.shtml.

心、爱护和保护未成年人局面的社会责任和自觉行动。

2013 年 11 月,中央网信办、教育部、共青团中央等单位联合开展"绿色网络,助飞梦想——网络关爱青少年活动",旨在对青少年普及互联网法律法规知识,提升青少年网络素养和法律意识,做到安全上网、健康用网,养成科学、文明、健康、守法的上网习惯。

在对青少年网民进行重点普法的举措上,全国各地结合时代新变化和区域特征,开展了新颖活泼的"网络安全进校园、进家庭""争做四有好网民"等活动,引导广大青少年依法、文明、健康上网。在《中华人民共和国网络安全法》施行之际,在国家互联网信息办公室的指导下,中国网络空间安全协会与地方网信办共同举办"网安中国行(2017)"系列活动,计划在天津、浙江、黑龙江、贵州、广东、陕西、上海等省市相继开展。六一儿童节前夕,广州举行《中华人民共和国网络安全法》进校园、进家庭系列活动启动仪式暨"从小争做中国好网民"红领巾议事堂活动,在广州、汕头、清远等 6 市 100 所学校开展网络安全教育,倡导做"四有好网民",营造学校、家庭、青少年群体共同关注和维护网络安全的良好氛围。

(三)网络欺凌治理的学校教育

1. 构建学校与家庭互相沟通的网媒机制

调查显示,时下我国青少年学生智能手机的拥有率达 92.2％,且用于社交媒体、网络游戏与通信软件的互联网使用时长持续增加,日均上网时长大于 2 小时的青少年超过 3 成。可以看出,由于手机等移动设备的拥有率和使用时长的上升,网络欺凌产生的可能性也随之增加。有研究指出,网络欺凌的程度会根据青少年使用智能手机的时长而有所不同,长时间使用智能手机的青少年比没有使用智能手机的青少年更容易遭受网络欺凌。对此,学校有必要与青少年父母建立长期的合作关系以进行教育和管理。①

家校合作是家长与学校老师之间通过相互沟通、交流而开展的合作活动,最终目的是使学生接受更好的教育。许多学校利用现代化信息技术,打造一个家校合作平台。一方面,通过网络媒介引导家长和孩子结合上下学时间制定科学的网络媒介使用计划,减少网络媒介对孩子正常学习生活的干扰,帮助他们养成良好的使用网络习惯;另一方面,家长还可以学习借鉴其他家庭的网络媒介使用计划,对自己家庭的网络媒介使用计划进行修正,从而培养孩子形成良好的使用网络媒介的习惯。②

这种"网媒"家校合作既是家庭和学校之间统一认识、协调行动和密切配合,共同促进学生全面发展的教育过程,也是彼此汲取教育经验、相互促进,实现各自进步与发展的学习过程。对于家庭教育来讲,"网媒"是全面、准确和高效了解和配合学校教育的有效途径,有助于将"网媒"多层次、多角度地融入教育教学全过程,激发"网媒"带来的良好教育效果。③

2. 将网络素养教育纳入学校教育规划

"处在学习阶段的青少年,一年中起码有三分之一的时间在学校度过。为了预防和治理青少年网络欺凌,学校必须参与到网络欺凌治理的过程中去。在美国、英国等发达国家,法律明确要求所有的公立学校必须制定网络欺凌预防方案,并赋予学校惩罚学生的权力。"④学校是青少年接受系统教育的场所,扮演着无可替代的角色。以学校教育为突破

---

① 薛博文,王永强.教师应对青少年网络欺凌事件现状及改善策略研究[J].现代教育科学,2022(4):36.

② 王玉娥.家校合作对小学生网络媒介素养的培育[J].教学与管理,2021(14):17.

③ 冀录,李振宇,陆鑫."网媒"家校合作创新大学生思想政治教育思考[J].沈阳农业大学学报,2020:75-79.

④ 林瑶.数字公民教育视角下的网络欺凌治理研究[D].杭州:浙江工业大学,2017:32.

口,一是可以将青少年学生网络素养教育纳入学校教育规划,完善制度化、系统化的教育教学支撑体系;二是可以组织教师和专家学者联合编写紧贴青少年学生生活学习实际的网络素养校本教材,将网络素养教育与其他学科教育相结合,在各类学科教学中融入网络素养教育内容,呈现"润物无声"的效果,使之成为其他学科的"助推器"。

作为青少年网络素养提升工程的先行者,宁波市邀请武汉大学新闻传播学著名教授罗以澄领衔编写《青少年网络素养读本》丛书共计 11本,内容包括《虚拟社会与角色扮演》《网络谣言与真相》《网络游戏与网络沉迷》《黑客与网络安全》《互联网与未来媒体》《地球村与低头族》《网络强国与国际竞争力》《以德治网与依法治网》《数字鸿沟与数字机遇》《人与智能化社会》《网络语言与交往理性》等,帮助在互联网环境下成长起来的青少年一代正确认识、使用和发展互联网,成为网络文明的传播者、践行者。在推进青少年网络素养教育提升工程方面,宁波市从 2016年起持续深化"绿色网络文明进校园"活动,通过组建讲师团,推出《我们的网络、我们的家园》《上网和生活的奥秘》等课件,从网络安全基础、预防网络沉迷、识别网络谣言等多个角度向青少年阐述绿色上网理念,风趣幽默的互动式授课深受学生欢迎。

3. 持续实施"网安启明星"工程

在信息时代,"网络为青少年提供了更方便、范围更大的社会交往机会,使他们的交往克服了时空障碍,他们开始利用网络寻找志趣相同的人,网络让他们跨越了空间的限制,交友半径大大扩展。这种扩大了范围的社会化也许并不深入,但突破家、校、群局限的社交,能够丰富中学生的社会化角色,有利于他们的成长……的确,网络对青少年的负面影响不容小觑,面对海量的信息,他们难免良莠不分;上网时间太长,会阻止他们在创新、独立思考方面的进步;涉世未深的他们,缺少对个人隐私的保护意识;对网络的过分依赖,会导致他们丧失基本的沟通能力"①。但是,北京人大附中校长刘彭芝认为,学校有责任引导学生科学地认识、规避和应对网络使用风险,为他们的健康成长提供一个安全、干净的网络空间。为此,北京人大附中多年来持续实施"网安启明星"工程,通过开设"网络安全"校本课程、聘请网络名企专家授课、向全国数千所中小学捐赠网络安全教育资源等形式,提升学生的网络素养,探索出了一条"疏""堵"结合的网络治理新路径。

(四)网络欺凌治理的家庭关切

1. 完善未成年人家庭教育的核心素养架构

家庭教育缺陷是导致未成年人网络欺凌行为的影响因素。家庭教育不是单个家庭的"家事""私事",而是全社会的"公事"和国家的"国事"。家人是每一个人在成长过程中接触最为密切的人,家长作为孩子的监护人和家庭教育责任的主体,需要依据教育实施的不同阶段承担不同的义务。

孩子不应是家庭的私有财产,而是社会的一员。家长必须意识到孩子是社会公民,具有现代公民所拥有的基本权利。从完善人才培养的核心素养架构出发,家庭教育应从小培养孩子融入现代社会所需要的公德与处事法则意识,学会适应社会。具言之:一是培养孩子的担当精神,着重培养遇事不退缩、沉着冷静的心理品质和能进能退、理性对待个人得失的心胸;二是重视孩子的公民素养教育,培养他们尊重他人的意识,使其明白他人的权利不容侵犯;三是培养孩子的合作意识,让其在心理上不自封,信任他人,敢于和他人合作交流;有分享意识,有和他人共事的

---

① 张显龙,刘彭芝."疏""堵"结合,还学生一片网络净土[J].中国信息安全,2013(11):63.

意愿;有为集体奉献个人智慧的胸怀。①

2. 发挥家庭教育"固本培元"的作用

家庭教育是学校教育的延伸和补充。对于尚未成年的青少年来说,家庭是其成长生活的主要环境,优良的家庭教育环境不仅能够起到"固本培元"的作用,还能够共同助力学校教育促进学生的健康成长。家庭成员的相处氛围,父母的文化水平、思维模式、道德修养、教育方式等因素,对孩子的身心健康和人生发展都会产生基础性和持久性的重要影响。从价值观培育角度看,父母是孩子人生的第一任老师,父母在"帮助孩子扣好人生的第一粒扣子,迈好人生的第一个台阶"②上具有重要的启蒙和导引作用。由于家庭在孩子情感、认知、价值观、行为准则等方面熏陶教育的渗透力和影响力,家长(家庭教育)与教师(学校教育)之间必须进行真正的对话,以促进青少年的全面协调发展,形成学校教育和家庭教育的有机互补。

3. 探索从"监管"走向"合作"的契约式教育模式

家庭教育既包括家庭教育方法、技巧的教育,也包括家长自身文化素质、道德素质等方面的内容。通过这些方面的教育来提高父母自身的综合素养,可以更好地实施家庭教育。③ 家长是家庭教育的关键。家长与孩子形成有效的亲子沟通,引导他们对互联网问题形成正确的认知,是培养孩子积极向上的生活态度和广泛的兴趣爱好的重要途径。新疆维吾尔自治区在开展"为了明天——新疆百万未成年人网络文明工程"的过程中,形成了家庭教育从"监管"走向"合作"、实行契约式教育模式,

---

① 蔡迎旗,黎平辉,王佳悦. 从"私性"意识到"公共"精神:论当代中国儿童家庭教育变革[J]. 当代青年研究,2021(3):62.

② 习近平. 在会见第一届全国文明家庭代表时的讲话[EB/OL]. [2022-10-10]. http://politics. people. com. cn/n1/2016/1215/c1024-28953393. html.

③ 赵国玲,常磊. 青少年网络被害的家庭教育原因实证分析[J]. 中国青年研究,2008(8):57.

取得了很好的成效。

所谓契约式教育模式指的是家长和孩子达成一个契约,共同约定上网的时间和内容,让孩子在计划好的时间段内上网。双方达成契约后,利用技术手段来保证,不管家长是否在场,孩子都能自觉按照约定执行,这样不仅可以保证孩子"说话算话",而且不会激化家长和孩子之间的矛盾。中国人民公安大学教授、网络安全专家王大伟认为,为避免染上网瘾而导致网络欺凌行为发生的风险,家长应将孩子每天上网的时间控制在 1 小时之内,而对于那些已经有网瘾的孩子,戒除网瘾的工作要循序渐进,初期阶段控制在 3 个小时内就算达到目的。①

(五)网络欺凌治理的个体自律

苏霍姆林斯基说:"真正的教育就是自我教育。"②具有主体精神的人会自觉约束自己的行为。教育效果最显著的是来自内心的教育力量。

1. 控制自我认知偏差

社会行为学告诉我们,任何一种情境定义都具有明显的道德特征。不同的环境条件、不同的心理因素、不同的态度认知所带来的行为方式与行为结果,有可能判然有别。在戈夫曼看来,"有时,个体会按照一种完全筹划好的方式来行动,以一种既定的方式表现自己,其目的纯粹是为了给他人造成某种印象,使他们做出他预期获得的特定回应"③。网络欺凌者的行为与戈夫曼所说的这种情形俨然十分相似。现实生活中任何一个社会角色总是包含一个或多个角色,其中的每一个角色都可以由扮演者在不同场合下以不同的行为方式呈现于各种同类群体成员面

---

① 蒋尔夫. 家长和孩子共同约定上网时间[N]. 中国教育报,2007-11-28(002).

② 苏霍姆林斯基. 少年的教育和自我教育[M]. 姜励群,吴福生,张渭城,等译. 北京:北京出版社,1984:97.

③ 欧文·戈夫曼. 日常生活中的自我呈现[M]. 冯钢,译. 北京:北京大学出版社,2008:5.

前。网络欺凌者在学校课堂或操场可能是一个循规蹈矩的学生,而在网络空间则有可能转而成为一个判若两人的施暴者。

事实上,大多数网络欺凌者事后内心并不会产生负疚感,有的甚至还会有某种智力优越感。许多欺凌者对于自身的行为都认为仅仅是一种一时兴起的游戏、嬉耍,仅仅是为了引起他人的注意或围观,试探一下受害人及其周遭旁观者的反应,充其量是一种恶作剧罢了。欺凌者并未意识到这是一种伤害,更未想到这可能是一种犯罪行为,他们根本不知后果的严重性,直到他们被问责、惩戒或被法律追究,方才恍然悔悟。显然,这些欺凌者是因为认知行为产生了严重的偏差而导致一时糊涂。现实中发生的不少网络欺凌,往往是由于欺凌者年纪轻、阅历浅,道德认知还处于不健全、不成熟的发展阶段,心理上也易受外界环境影响和左右,因而表现出来一种情绪化、幼稚化和从众化的行为。

从众性是青少年普遍的心理特征。当群体中有人做出特定的行为时,其他同伴有可能起而仿效,以免被发起人指责或被群体孤立。正如有研究者表示,"从众效应强调,个体会受到外部群体的引导或压力,可导致人们的从众心理,从而迟疑和变更他们自身原有的看法、认知和态度,以保持与多数群体成员相一致的看法、认知和态度,进而产生对事物的认知偏差(Capuano 等,2017)"[①]。

对于这类网络欺凌行为的防治,可以"本着'信任、参与、担当、互助'的理念,构建中间群体网上互助模式,合力防治网络欺凌。通过搭建社会化的网络交流平台,实现网络欺凌防治相关信息的交流和知识分享,面对网络欺凌的有害信息不再沉默,要以理性的发声予以回应和反击,

---

① 阳长征.网络突发事件中信息流动与情感粒度对用户认知偏向影响研究[J].情报理论与实践,2020(12):34.

对网络欺凌受害人给予精神支持和舆论援助"①。

2. 减少信息认知偏差

网络空间的"非具身"和"符号化"交往,滋生了大量"偏离"事实真相的不实信息和网络谣言,导致青少年网民理性思维缺失、情绪渲染极端化等非理性行为的产生,使他们对事实真相的认知发生偏差。网络空间中的信息抓取、信息甄别、信息生产和信息传播,对于网络技术熟稔的个体来说无异于如鱼得水;对于网络技术不娴熟的个体来说,却有可能阻碍他们对真相的多维探知,甚至有可能面临"盲人牵盲马"的信息陷阱,进而导致网络欺凌的行为偏差。

在虚拟的网络空间,"拟像"与大众之间的距离被销蚀了,"拟像"已内化为观众自我经验的一部分,幻觉与现实极易混淆。网民只有在当下的直接经验里体验时间的断裂感和无深度感,实现日常生活的虚拟化。换句话说,"在交往媒介与技术水平的制约下网络社会个体极易丧失自我主体性而受他者支配活动,即表现为网络虚拟自我与网络虚拟他者相异化。这是因为网络社会大环境基于重复的程序设计和单调的活动图画而存在,这种缺乏创造性和非自主性的特点助长了网络社会个体的复制性虚拟活动,使得网络社会个体自在的独立性与自为的依赖性达不到平等关系,其依赖性更为突出"②。

矫正网络空间的信息认知偏差,防范诱发网络欺凌的风险,首先,要加强对网络空间的全息动态数据的挖掘和分析,准确把握青少年网民的信息认知变化轨迹。因为数据不会说谎,大数据所记录的真实、自然的行为画像,可以透视网络用户的内心活动和价值取向。"互联网上生成的长时间、连续性、大规模的人类行为与互动数据,能够为社会科学研究

---

① 魏骊臻.大学生网络欺凌防治的中间群体教育模式[J].现代教育科学,2019(12):46.
② 阚予心."网络暴力"根源的哲学分析[D].大连:大连理工大学,2018:26.

提供新的视角,其中蕴含的关于个人与群体行为的规律,可能足以改变我们对个体行为、群体交往、组织结构乃至整个社会运行的认知。"①其次,要提高网络空间的全员引导力和传播力,教育青少年网民对网络空间中的是与非、真与假、善与恶、美与丑作出正确的价值评价和价值选择。针对青少年网民存在的信息认知偏差现象,2021 年 7 月 21 日,中央网信办启动"清朗·暑期未成年人网络环境整治"专项行动,聚焦解决七类网上危害未成年人身心健康的突出问题,明确划定青少年道德和法律认知行为的底线:一是直播、短视频平台涉未成年人问题;二是未成年人在线教育平台问题;全面清理在线课程中色情低俗、血腥暴力及其他导向不良内容,严禁推送网络游戏、低俗小说、娱乐直播等与学习无关的广告信息,及时处置互动评论区攻击谩骂、教唆不良交友等内容;三是儿童不良动漫动画作品问题;四是论坛社区、群圈等环节危害未成年人问题;五是网络"饭圈"乱象问题;六是不良社交行为和不良文化问题;七是防沉迷系统和"青少年模式"效能发挥不足问题。中央网信办有关负责人强调,专项行动期间,将进一步加大对违法违规行为的处置处罚力度,对于侵害未成年人合法权益的问题,保持"零容忍"态度,坚持露头就打、从严从重,大力整治网上危害未成年人身心健康问题乱象。

3. 防范个人隐私信息暴露

人们在网络空间的一切活动,仿佛都置于"全景监狱"的监视之下,一览无余。人们走进网络世界的同时,也意味着其敞开了个人隐私之门。不经意的一句话、一个表情、一张照片、一个数据、一次关注甚至一个点赞,都有可能给别有用心者提供发动欺凌、伺机挑衅的契机。防范"躺着中枪"和意外遭侵的最简单也是最有效的方法,就是避免个人隐私

---

① 刘存地.认知偏差与突破路径:炒作高峰期后的大数据与社会研究[J].信息资源管理学报,2020(2):38-39.

信息暴露于大庭广众之下或素不相识的陌生人面前,或曾经有过较深怨恨的人面前,不给别有用心者以任何可趁之机。为了切实改善网络空间交往环境的自由度与信任度,我国一方面着力构建非强制性的网络社会规范,建立防止隐私侵犯的自我约束机制,另一方面,适时修订和颁布《中华人民共和国未成年人保护法》,其中第 66 条规定:"网信部门及其他有关部门应当加强对未成年人网络保护工作的监督检查,依法惩处利用网络从事危害未成年人身心健康的活动,为未成年人提供安全、健康的网络环境。"

4. 谨慎回应陌生人的好友请求

在网络空间里,充斥着大量素不相识的个体,他们以上传的博客、视频短片、注册号码、笔名、昵称、游戏世界里的角色等形式实现并非简单的"链接",并且以变幻多端的方式相互嵌套、顶与踩、跟随、被跟随、拍砖、灌水、PS。调查结果表明,"同意陌生人的好友请求、在网上与不认识的人聊天会增加潜在被害目标的易接近性,这些行为会导致潜在网络欺凌行为施加者的主动接近,并且为行为实施者的主动接近提供了便利,能够对网络欺凌行为的实施产生直接的影响"[①]。网络欺凌的匿名性和隐蔽性,往往使被欺凌者很难弄清楚欺凌者的身份,他们甚至不知道欺凌的源头在哪里,不知道究竟是谁在欺凌自己,这种不确定性无疑会加剧他们的恐慌情绪和焦虑感。鉴于网络社交关系的陌生和复杂,上海市教育委员会制定的《预防中小学生网络欺凌指南 30 条》,特别要求全体中小学生在进行线上活动时务必谨小慎微,以免跌入看不清的陷阱当中。

5. 遵守严格自律的浏览习惯

人的主体性集中体现在他的理性和自律上。人能否超越习惯成为

---

① 宋佳玲. 青少年网络欺凌问题研究[D]. 北京:中国人民公安大学,2017:38.

自己的主宰,取决于他的定力和毅力。习惯是人们长期形成的一种惯性和定势,每日长时间地浏览网络信息就是人们的一种日常习惯。作为重度用户的青少年网民,怎样才能不被网络浏览"上瘾"困扰?如何才能在不丧失主体性的前提下在网络上"开卷有益"?《经济学人》的一位作者提出的"数字节食"①方案提供了有益的启示。只要我们像一日三餐每餐节食一样缩减每天的上网时间和上网频次,就可以有效拒绝/屏蔽有害信息的侵扰,阻隔个人行为暴露的风险。

2001年11月22日,由共青团中央、教育部、中国青少年网络协会等单位联合倡议的《全国青少年网络文明公约》(以下简称《公约》)正式发布。《公约》倡议全国青少年做到"五要":一是要善于网上学习,不浏览不良信息;二是要诚实友好交流,不侮辱欺诈他人;三是要增强保护意识,不随意约会网友;四是要维护网络安全,不破坏网络秩序;五是要有益身心健康,不沉溺虚拟时空。

6. 避免情绪化的网络言行

俗话说,冲动是魔鬼。无厘头的吐槽、丧失理智的辱骂、无中生有的诽谤、逞强好胜的互怼、包藏祸心的"人肉"……凡此种种常见的青少年网络行为表现,都是某种负面情绪的宣泄,这种情绪对网络环境无异于一种污染。"一般说来,当个体处于他人面前时,常常会在他的行为中注入各种各样的符号,这些符号戏剧性地突出并生动勾画出了若干原本含混不清的事实。这是因为个体的活动若要引起他人的注意,他就必须使他的活动在互动过程中表达出他所希望传递的内容。事实上,表演者不仅要在整个互动过程中表现出自己声称的各种能力,而且,还需要在互

---

① 经济学人.智能手机正在奴役用户[EB/OL].(2012-03-13)[2022-10-20].https://news.mydrivers.com/1/221/221077.htm.

动的某一瞬间表现出这种能力。"①青少年应理性抑制自己在网络社交过程中言行隐藏的"爆发力"和"杀伤力",因为"从贴标签,到放箭,再到恶意中伤……宣泄畸形快感,喷发心理毒素,一些网络言行,夹枪带棒,让人不寒而栗,更带给受害者永久的心灵创伤。一旦放任,人人都是受害者!心存善意,拒绝充满暴力的网络言行,别让沟通的工具,变成伤人的凶器"②。

(六)网络欺凌治理的传媒引导

1. 创新媒体宣传的工作联动机制

虚拟空间是网络欺凌治理的"最大变量",要将这一"最大变量"化为"最大正能量",需要提升青少年网民的网络素养和网络安全意识。在这方面,新闻媒体、学校和研究机构要加强联动,深化合作,充分发挥新闻媒体设备精良的技术优势、训练有素的人才优势、渠道丰富的资源优势和矩阵融合的传播优势,广泛开展形式多样的宣传教育活动,以使活动形成广泛的号召力和影响力。有专家提出,"一方面,应该创新彼此间的工作联动机制,发挥专家系统在释疑解惑、知识普及等方面的积极作用。另一方面,应该充分利用已有信息传播平台,培育和发展来自社会各阶层的'意见领袖',通过开放、平等的互动方式促进网络表达走向更加有序、理性的轨道"③。努力使新闻界、学术界成为网络素养教育的重要场域和社会舆论的主阵地,成为引领社会崇德向善的重要力量。

2. 增强青少年网民的网络道德认同

从实践逻辑看,在全程媒体、全息媒体、全员媒体、全效媒体聚合嵌

---

① 欧文·戈夫曼.日常生活中的自我呈现[M].冯钢,译.北京:北京大学出版社,2008:25.
② 吴炜华,姜俣.网络欺凌中的群体动力与身份异化[J].南京邮电大学学报(社会科学版),2021(1):32.
③ 姜方炳."网络暴力":概念、根源及其应对——基于风险社会的分析视角[J].浙江学刊,2011(6):187.

套的新的传播环境下,要努力使社交网站、自媒体、微博、微信、客户端等新媒体各展其长、融合创新,形成强大的传播矩阵优势;同时努力把握四个传播着力点:一是注重舆论疏导,积极回应青少年普遍关注的热点、焦点问题,解疑释惑,关注和疏导可能诱发网络欺凌行为的思想情绪;二是注重思想引导,用身边的典型案例影响、感染青少年,扩大网络空间的正能量,优化网络生态;三是注重价值倡导,用社会主义核心价值观培根筑魂,用人类优秀文明成果化育人心,大力倡导文明办网、文明上网、文明用网,广泛开展诸如"中国好网民""中国网事·感动中国网络人物"等网络道德评议活动;四是注重话语开导,创新话语表达方式,赋予其时代性和新的活力,使具有科学性和说服力的理论观点入脑入心,心悦诚服。通过行之有效的宣传教育,切实增强青少年网民的文明规范意识和抵御低俗网络文化侵袭的免疫力,陶冶情操,健全人格,远离网络暴力。

3. 培养"网络原住民"的"亲社会情感"

我们要将网络欺凌治理放到更宏观的社会文化大背景下去考察、审视点与面深层的内嵌关系。青少年对自己与他人、自己与社会联系紧密程度的感知,是影响其幸福感的一个公认的决定因素。如今他们越来越多地与其他人在网上进行联系,这对年轻人的关系和幸福感的影响是很大的。网络社交本质上是一种情境性交往,即一种很随意的社会交往方式,它可能无法建立与社会直接的纽带联系。

著名心理学家简·滕格(Jean M. Twenge)认为,如今的年轻一代,尤其是 80 后,"比以往任何时代都更可怜",因为他们越发强调"自尊"和"自我实现"。然而真正的"自我实现"和幸福并不来自过多地关注自己,而来自较少地考虑自己,并亲眼看到自己在远比个人需求更重要的宏伟事业里扮演了一个小小的角色。因此帮助青少年从狭隘的"小我"走向更开放的"大我",培养一种避免与现实疏离的"亲社会感情",对于他们的健康成长十分必要。"亲社会情感包括爱情、同情、钦佩和献身精神，都以他人为目标，但又能让人感觉良好。它们对我们的长期幸福至关重要，因为它们有助于创造持久的社会纽带。"①

（七）网络欺凌治理的政府监管

1. 实行网络实名制

鉴于"互联网世界已经存在了太多的虚拟社区，在那里网民们可以彻底抛掉自己的真实身份和现实生活，投入到虚拟的狂欢中"的弊端，Facebook 的创始人扎克伯格发现人们厌烦了不真实的"虚拟社区"之后，于是"邀请网民们注册自己的真名，填写真实的学校、工作信息，重新回到阔别已久的现实生活的怀抱"②。

青少年网络欺凌主要发生在即时信息、社交网站、电子公告板等平台，为保护青少年的在线安全，国家互联网信息办公室于 2015 年和 2017 年相继出台了《互联网用户账号名称管理规定》《互联网论坛社区服务管理规定》《互联网跟帖评论服务管理规定》，全面落实了网络实名制，明确了注册用户需"后台实名"，否则不得跟帖评论、发布信息。为了营建环境友好型的网络空间，更好地保护网络用户的个人信息，新浪微博社区于 2017 年 9 月发布了《关于微博推进完成账号实名制的公告》，要求其所有用户必须在 9 月 15 日前完成实名认证，否则无法再发送评论和更新状态。通过加强监管和"对虚拟社会各种功能性要素的增加或正向社会功能的开发"③，虚拟网络空间的运行更加规范和协调。在互联网时代，诚信是网络生活的"信用卡"。实行网络实名制，防范网络欺凌发生

---

① 简·麦戈尼格尔. 游戏改变世界：游戏化如何让世界变得更美好[M]. 闾佳，译. 杭州：浙江人民出版社，2012：87.

② 张艳红. 虚拟社会与角色扮演[M]. 宁波：宁波出版社，2018：20.

③ 周定平. 论虚拟社会管控的法律规制[J]. 中国人民公安大学学报（社会科学版），2011（5）：83.

的风险,是全社会的共同责任。

2. 设置网络"防火墙"

防范网络欺凌最有效的措施之一,就是借助科技手段筑牢网络诚信"防火墙",将欺凌者"拒之门外"。倘若欺凌者无法进入目标网络系统,其目的也就不可能达到。由网络专家和网络安全管理人员共同设计防火墙方案,通过网站域名注册申请、互联网地址配发、接入地管理、信息准入退出机制等社会服务,过滤、阻塞、禁止不安全的网络信息及行为,降低目标用户遭受意外攻击的风险。同时,通过防火墙技术对所有访问者的信息作出日志记录,提供网络数据监控和查证的原始材料,藉此匡正青少年网民的不良上网行为,提高他们的上网规则意识,重建网民与网民、网民与网站、网民与网络社会之间的相互信任。

3. 定制网络服务套餐

网络服务供应者可以帮助用户在网络信息入口处的服务器上加装专门的软件,设置过滤网,"为青少年制定一套拥有过滤功能的网络服务套餐。青少年在学校、家里接入互联网,将会直接过滤掉那些暴力、血腥、色情、猥亵或其他不利于身心健康的网页或信息内容"[1]。同时,"禁止存取网络上未获授权的文档。不得将色情文档建置在机构网络,也不得在网络上散播色情文字、图片、影像、声音等信息。禁止发送匿名信或假冒他人名义发送电子邮件。不得以任何手段蓄意干扰或妨害网络系统的正常运作"[2]。

4. 提高大数据监测预警能力

大数据是解决网络欺凌预警与引导的技术手段。《中华人民共和国

---

[1] 林瑶.数字公民教育视角下的网络欺凌治理研究[D].杭州:浙江工业大学,2017:33.
[2] 陆晨昱.我国网络犯罪及防控体系研究[D].上海:上海交通大学,2008:49.

数据安全法》正式颁布后,网络安全已从过去以构筑防火墙为主要路径的边界安全,发展为以数据生成、存储、使用与迁移为核心的数据安全,加强监管、安全合规将成为网络管理部门的重要考量。在网络信息出口端,要对网络信息内容实时监督,及时甄别,建立监测、评估、分析、预警于一体的动态预警机制,做到入侵预警、入侵检测、内容监控、漏洞扫描和安全审核等协同管理;加强数据安全隐患的捕捉、分析、研判、预警工作,"一旦发生数据安全事件,有关主管部门应当依法启动应急预案,采取相应的应急处置措施,消除安全隐患,防止危害扩大,并及时向社会发布与公众有关的警示信息"①。bilibili采用人工智能系统为儿童网络安全绿色护航。例如,自动识别弹幕中的不良信息并自动采取屏蔽策略,其信息监测包括"软色情信息"和"人身攻击类信息"两个模块。"软色情类"不良信息的算法选择 Transformer 作为文本分析类模型,搭建"软色情类"不良信息的处理模块;"人身攻击类"不良信息的过滤采用 Albert模型,基于嵌入参数化进行因式分解和跨层参数共享的技术,大幅提升训练速度。

三、我国网络欺凌治理的典型案例

(一)北京:创建"中国青少年媒介素养网"

2000 年 4 月 15 日,经共青团中央和中国人民大学批准,教育部备案,中国人民大学新闻学院与中国少年报社创办了我国第一所面向全国少年儿童进行媒介素养教育和实践能力培养的培训机构——中国人民大学·中国少年报社少年新闻学院,目的是使全国各地的少年儿童能够

---

① 丁玮.数据主义视角下美国跨境数据政策演进及我国的应对[J].杭州师范大学学报(社会科学版),2021(1):127.

接受媒介素养教育。学院由全国人大常委会副委员长许嘉璐、全国政协原副主席万国权担任名誉院长。中华全国新闻工作者协会主席邵华泽担任专家指导委员会主任。全国教育界、新闻界著名专家、学者分别担任专家指导委员会副主任和委员。学院官网名为"中国青少年媒介素养网"。学院借鉴欧美等发达国家对少年儿童进行媒介素养教育的经验，结合我国实际，努力完善我国少年儿童媒介素养教育的教学体系，组建了一支教学经验丰富的专家名师队伍，制定了系统科学的教学大纲，撰写了特色鲜明的教材。全国成千上万的少年儿童通过在这里接受媒介素养教育，学会了阅读信息、识别信息、使用信息和传播信息，提高了媒介化社会的生存能力，从而成为信息时代的强者。

（二）上海：制定《预防中小学生网络欺凌指南 30 条》

为了发挥家庭在青少年网络安全教育方面的独特功能，上海市教育委员会因时制宜、因地制宜，积极创新网络时代中小学生网络安全教育管理模式，于 2017 年 10 月 9 日出台了我国教育行政部门首部关于网络欺凌预防与治理的具体规定——《预防中小学生网络欺凌指南 30 条》（以下简称《指南 30 条》），指导家长与学校合力防范网络欺凌行为。《指南 30 条》分为"学生篇""家长篇""学校篇"和"社会篇"四部分，为预防中小学生网络欺凌构建了多重保障。其中"学生篇"主要指导中小学生如何规范上网行为，不主动实施并理性应对网络不良行为，在遭遇网络攻击或网络欺凌时，保持冷静与自信等。"家长篇"主要指导家长如何准确判断孩子是否遭受网络欺凌，在孩子遭受网络欺凌后如何合理处置，以及如何预防自己的孩子欺凌别人。"学校篇"要求中小学校成立校园欺凌预防和处置工作小组，加强学校法治教育、安全教育和心理健康教育，加强学生日常管理，有效化解学生矛盾。"社会篇"则要求网络信息服务提供者、相关政府部门各司其职，为中小学生健康使用网络提供良好的条件。

2017年4月6日,上海市浦东新区的上南中学制定了《网络欺凌预防指南》,首次印刷了5000份。该指南包括网络欺凌的定义、形式、危害以及关于家长如何处理网络欺凌的建议。上南中学的学生处主任还表示,之后会推出相应的"网络欺凌"心理课程。面对青少年网络欺凌快速蔓延的趋势,《网络欺凌预防指南》建议教育部或中央网信办出台法规,规定所有大中小学校必须制定网络欺凌治理的预防方案,且将每个学校的网络欺凌预防方案纳入学校的综合考核中。[①] 学校的网络欺凌预防方案可以包括以下几个方面。一是网络欺凌的基本信息,如网络欺凌的定义、形式和危害等。二是网络欺凌的报告程序。当老师或学生发现一个人正在遭受网络欺凌时,应该如何做?向谁报告?三是网络欺凌的调查程序。当学校管理人员接到网络欺凌报告后,应该如何开展调查?四是网络欺凌的处罚条款。在调查证实后,对实施网络欺凌的学生采取什么样的处分?如通报、停学、开除等。五是网络欺凌的干预措施。当网络欺凌发生时,学校如何联动教师、家长等角色及时制止欺凌行为?如何安抚网络欺凌受害者?

(三)浙江:打造网络素养教育基地

浙江是互联网大省,围绕"把浙江省建设成为互联网依法治理的首善之区"[②]的目标任务,浙江省创新构建依法治网体系的顶层设计,积极探索网媒、网络社会组织、网站、网企、网民五类主体的互联网信息服务领域信用监管体系,持续推进数字法治,全力打造覆盖传播、舆情、管理、

---

① 林瑶.数字公民教育视角下的青少年网络欺凌治理研究[D].杭州:浙江工业大学,2017:32.

② 浙江省委依法治省办.学思践悟习近平法治思想 努力建设法治中国示范区[N].《法治日报》,2020-11-30(003).

安全等全领域数字化应用,建立健全统筹协调、业务协同、数据共享的智治体系。

浙江省委网信办打造网络素养教育基地,培育"1"个省青少年网络素养教育基地"梦想E站",获评第五届全国未成年人思想道德建设工作先进单位,在甬、温、绍"3"地建成省级网络素养教育实训基地,在全省建设"100"家网络文化家园。目前,已组织网络素养培训1000余场,受训50000余人次。

全省网信系统采用大数据、多媒体内容智能识别算法等技术进行轮巡监测,推动"捉谣记""清朗侠在行动""清朗"网络生态"瞭望哨"工程、"净网2021"专项行动等品牌常态化运行,健全省互联网信息内容"分业分层监管联合联动执法"工作机制,完善虚假信息防范、发现、处置和举报等全链条管理机制,建立分类分级管理、网络生态治理督导员考核等制度,有效推进常态长效治理。

(四)腾讯:启动未成年人网络权益保护项目

腾讯公司素以关心和重视未成年人网络保护著称,公司把未成年人权益放在产品运营、企业发展的优先位置,以"科技向善"为理念,充分发挥平台和业务优势,在业界率先推出企业未成年人网络权益保护项目——"企鹅伴成长",搭建起较为完整的以研究教育、产品促进、平台治理为基础,以促进社会协同保护为机制的未成年人网络保护体系架构。从2015年开始,腾讯公司积极开展未成年人上网安全、网络行为研究,厘清未成年人上网面临的问题,探索未成年人网络保护机制,为科学、合理开展未成年人网络保护提供理论支撑。腾讯公司先后研制发布了《数字小公民健康成长指南、儿童青少年网络健康使用指导手册、"护苗·网络安全系列课堂"视频课件、《写给家长的游戏指南》等网络素养教育读本和课件,促进未成年人网络素养家庭教育、校园教育的开展。①

2017 年,"网络安全进课堂"活动在全国 17 个省市的 30 所学校启动,覆盖 20 多万名中小学生。2018 年,"护苗·网络安全进课堂"讲师培训活动实施,目标是构建一支覆盖全国的青少年网络安全课讲师队伍。2019 年,"护苗·网络安全进课堂"扩展到乡村学校,聚焦当下未成年人网络安全问题的热点,充分发挥家庭在网络安全素养培养方面的作用,给出具体可操作的建议。不同于法治进校园活动,该活动针对教师的网络安全课,侧重于打造更加专业化的继续教育课程。课程专门开发了未成年人网络风险及法律分析内容,包括认识网络欺凌、网络性侵害、冷暴力、隐私伤害、个人信息泄露及侵害等网络人格侵害,以及如何防范未成年人自杀、自我伤害等生命安全风险,如何防范财产安全风险等。②

(五)中广联:倡议《共建清朗网络生态》

网络欺凌行为蔓延的不容忽视的缘由,一方面是主管部门的治理缺位和治理失效,另一方面是互联网企业社会责任感缺失。一个有社会责任感和公益心的传媒行业,应当自觉遵守相关法律,增强防范和抵制网络欺凌的自觉意识,并能与政府部门、社会团体和家庭个体积极配合,协同治理。

2019 年 12 月 13 日,中广联合会微视频短片委员会带领映客互娱、字节跳动、快手科技、欢聚时代、酷狗音乐、虎牙、秒拍、喜马拉雅 FM、二更、新片场、战旗、红演圈、视知 TV、贝壳视频、优酷直播,联合新京报我们视频、SMG 看看新闻网、大象新闻客户端、圆点直播等网络视听平台,共同向全行业发布《共建清朗网络生态》倡议书,表示做优质内容的传播

---

① 罗昕,支庭荣.中国网络社会治理研究报告[M].北京:社会科学文献出版社,2019:199.
② 凤凰科技.网络欺凌网络色情多种网络安全威胁未成年人[EB/OL].[2022-10-20].http://ishare.ifeng.com/c/s/7p8txYHgbeq2019/08/14 13:27.

者、健康秩序的捍卫者、网络舆论的引导者、创新领域的开拓者、未成年人的护航者、行业自律的践行者。杜绝违法和不良信息,抵制网络暴力,保障个人信息和数据安全;从算法干预、运营推荐等方面全方位构建青少年健康生态,侧重为青少年提供寓教于乐的优质服务。

2020 年 6 月,抖音全面升级其致力于青少年健康成长的"向日葵计划",邀请百位专家、名人创作青少年保护课程,制作青少年安全成长动画,设立向日葵计划"护童专家团"和上线青少年守护官。[①]

四、我国网络欺凌治理的特征刻画

宏观地看,改善网络技术发展条件,包括加强网络基础设施建设,优化网络使用环境,为公众打造一个便捷、高效的网络空间环境;提供公共服务产品,包括媒介素养教育、心理卫生与咨询、网络文化等;维护社会、校园、网络的安全、公平、正义的秩序,是社会主义市场经济条件下我国政府致力于解决网络欺凌治理问题的关键和要务。回顾我国防控和治理网络欺凌的过程,这一过程总体上凸显了坚持问题导向、加强综合治理、创新继承并重的特点。

（一）思维特征:问题导向

思维是规制和指导人类认识世界和改造世界的内在逻辑。"思维对存在、精神对自然界的关系,是全部哲学的最高问题。"[②]在马克思眼里,实践是思维的理论前提,人的问题是一切哲学思想的出发点和落脚点。如何认识世界? 如何弥合分裂的世界? 对人类生活的现实世界展开"人与人对立式"的深度审视,是马克思哲学的要义。它突破以往的批判理

---

① 吴玉兰.以德治网与依法治网[M].宁波:宁波出版社,2021:117.
② 中共中央 马克思恩格斯列宁斯大林著作编译局.马克思恩格斯全集(第26卷)[M].北京:人民出版社,2014:541.

论,在"实践"的社会空间与历史时间中考察人与思维、人与自然、人与人的关系,实现了批判性思维的范式转换。其内含的"客观实践性""问题链的生长性"以及"价值关怀性"的精神特质,是进一步推动时代理论创新和社会历史进步的深切力量。①

问题导向专注于人们在日常生活和工作中遭遇的问题和问题的解决过程,它涉及问题界定和问题解决两个必不可少的环节。"问题界定是对服务对象遭遇的问题进行分析,了解服务对象在问题面前到底需要做出什么改变;问题解决则是根据服务对象的问题界定设计有针对性的服务安排,帮助服务对象克服或者减轻面临的问题。"②在网络欺凌治理中坚持问题导向,就是立足于当前治理工作的薄弱环节和迫切需求,聚焦急需解决的网络公序良俗问题,进一步完善相应的法律制度设计和网络道德规范体系,警示和惩戒危害青少年身心发展和影响社会安全稳定的欺凌行为。

"网络空间是亿万民众共同的精神家园。网络空间天朗气清、生态良好,符合人民利益。网络空间乌烟瘴气、生态恶化,不符合人民利益。谁都不愿意生活在一个充斥着虚假、诈骗、攻击、谩骂、恐怖、色情、暴力的空间。互联网不是法外之地。我们要本着对社会负责、对人民负责的态度,依法加强网络空间治理,加强网络内容建设,做强网上正面宣传,培育积极健康、向上向善的网络文化。"③习近平总书记在全国网络安全和信息化工作座谈会上的这段话,尖锐地指出了当前网络空间存在的种

---

① 高毅波,秦龙. 马克思哲学批判性思维的范式转换[J]. 河海大学学报(哲学社会科学版),2021(6):1.
② 童敏,周晓彤. 解决式问题导向思维:中国社会工作高质量发展的路径审视[J]. 社会工作,2021(6):3.
③ 习近平. 建设网络良好生态,发挥网络舆论引导、反映民意的作用[M]//习近平谈治国理政(第二卷). 外文出版社,2017:336-337.

种问题,这些问题与满足人民对美好生活的向往的要求相去甚远,讲话为网络欺凌治理指明了方向。

杨国斌教授对我国互联网治理印象深刻,他在《中国互联网的深度研究》一文中称赞说:"2010 年国务院信息办公室发布《中国互联网白皮书》,通过提出'互联网管理的中国模式'构想,表明一种全面的互联网控制模式的诞生。白皮书系统阐明中国政府在互联网发展和治理方面的立场。最近几年,中国互联网治理发生了新的变化。文明治网、宣传和意识形态教育、政务微博、政务微信、网络正能量等等,成为新的治理策略和公共话语。"

2016 年 4 月,国务院教育督导委员会办公室《关于开展校园欺凌专项治理的通知》中关于"加强预防"一款要求"各校要加强校园欺凌治理的人防、物防和技防建设,充分利用心理咨询室开展学生心理健康咨询和疏导,公布学生救助或校园欺凌治理的电话号码并明确负责人"。同年,全国人大常委会审议通过了我国第一部全面规范网络空间安全管理方面问题的基础性法律——《中华人民共和国网络安全法》。2020 年,全国人大常委会修订颁布了《中华人民共和国未成年人保护法》,新增"网络保护""政府保护"专章,对网络沉迷、网络欺凌、隐私和个人信息泄露等热点难点做出具体规定。2021 年,全国人大常委会制定颁布《中华人民共和国预防未成年人犯罪法》,旨在保障未成年人身心健康,培养未成年人良好品行,有效预防未成年人违法犯罪。

与此同时,各项守法护法的主题活动或专项行动在全国各地迅速展开。"网络安全行"是中国网络空间安全协会主办的品牌主题活动。自2017 年以来,活动聚焦我国网信领域,特别是网络安全领域的重点议题和重大趋势,关注网络安全技术演进、行业发展、人才培养以及个人信息保护等重点、热点课题,广泛汇聚行业专家力量,共同为网络强国建设献智献策。2021 年 2 月,浙江衢州配合中央网信办开展了为期 1 个月的"清朗·春节网络环境"专项行动,重点整治不良网络社交行为和网络暴力现象,打击诱导未成年人应援打榜、刷量控评行为,整治煽动"粉丝"互撕和进行网络欺凌的行为。

(二)实践特征:综合治理

所谓综合治理,通俗地讲,就是我国从基本国情出发,组织动员各种力量,综合运用各种社会制约手段,调整和解决各种危害社会公共利益的矛盾和问题的社会系统工程。一言以蔽之,就是国家、社会、学校、家庭各负其责,行政管理并非唯一的治理手段,教育、引导等辅助性手段的作用也十分重要。

"复杂性科学是研究系统中的个体如何相互作用形成系统的结构、整体模式与功能,以及又如何反过来影响主体行为,进而系统结构变化的科学。"①实行社会综合治理的事实依据和理论依据,是任何组织机构各自为阵、任何部门单位单兵突进,任何个人群体孤军奋战,都无法达到预期的治理目标,从而实现社会的安全稳定。综合治理的核心在于有序协调好各类主体在治理活动中的关系问题。依据约翰·霍兰的复杂适应系统理论,治理过程中那些分散、多元且复杂的微观主体具有较强的适应性,它们能够不断修正自己的行为并与环境共同演化,②逐渐形成一个运行有序、相互依存的治理系统。我国国家治理现代化的根本目标,是"完善共建共治共享的社会治理制度,实现政府治理同社会调节、居民自治良性互动,建设人人有责、人人尽责、人人享有的社会治理共同

① 马如国. 平台技术赋能、公共博弈与复杂适应性治理[J]. 中国社会科学,2021(12):146.
② Holland J H. Studying complex adaptive system[J]. Journal of Systems Science and Complexity, 2006,19(1):1-8.

体"①。

综合治理是我国在长期实践和探索的基础上形成的一种"党政统一领导,综治机构组织协调,各部门各方面各负其责、齐抓共管,广大人民群众积极参与的工作格局"②。它是系统论思维在工作实践中的具体运用。早在1991年,中共中央、国务院做出的《关于加强社会治安综合治理的决定》,明确提出了社会治安综合治理的指导思想、基本原则、主要任务和工作措施。实践证明,综合治理已成为我国社会治安管理实践的一条重要的基本经验。

从现有的情况看,无论是技术防范还是法律约束都很难从根本上控制住网络欺凌的发生,因为促使网络欺凌的诱因很多:新奇、刺激、富于挑战性甚至有利可图等,极大地满足了欺凌者的生理和心理需要,对他们形成了巨大的吸引力,使其难以自拔。网络欺凌治理作为社会全体成员的共同事业,理应增强网络治理共同体的主体意识,激发共同体成员参与公共事务的热情,不断培育公共精神,建立起以共同体成员为基础的综合治理机制,使之成为网络欺凌治理的"主角",把网络欺凌治理化为全体社会公民参与的内在自觉和生动实践。这不仅是构建网络欺凌综合治理体系的重要环节,也是实现我国网络欺凌综合治理创新的现实要求。

多年来,我国网络欺凌治理以学校教育、家庭关怀、社会法治"三位一体"的方式进行综合治理,成效显著。

家庭教育重点放在对受到网络欺凌的孩子的关怀和心理疏导上,"一方面,家长应及时掌握未成年人的社会认知、社会心态和社会行为的

---

①　人民日报评论员.以共建共治共享拓展社会发展新局面——论学习贯彻习近平总书记在经济社会领域专家座谈会上重要讲话[N].人民日报,2020-08-31.

②　龚育雄.政府在发展城郊经济中的问题及对策[J].成都行政学院学报(哲学社会科学),2003(3):47.

相关动态,密切关注未成年人的网络使用行为习惯和文化生活,充分了解未成年人的网络生活现状,对于未成年人在使用互联网过程中遇到的技术问题、价值问题和困惑给予及时的解答;另一方面,家长要学会有效地沟通和引导,教导未成年人辨别网络风险和正确的应对方法,引导未成年人更加主动地利用数字媒介来实现权利保护和自我发展"①。

学校教育根据学生的心理特点和网上活动特点,有针对性地进行网上行为规范教育,重在教育学生养成网上生活的基本观念、基本认识和基本行为规范,使之知晓虚拟世界是现实世界的投影,每一次欺凌都将对应真实的个体,并造成被欺凌者的身心伤害,以此解决内在的问题。

社会教育重在建立对逾越必要界限造成社会危害的欺凌行为的惩戒体系。② 2006 年,包括信息产业部、国务院新闻办公室、教育部、文化部、公安部等在内的 16 个政府部门联合印发了《互联网站管理协调工作方案》,确定了我国互联网站的管理工作及职能部门分工。此方案的实施对于各部门联合治理网络产生了积极作用。③ 2010 年 7 月 1 日,《中华人民共和国侵权责任法》正式实施,该法首次对"人肉搜索"的侵权责任进行了规定,明确了网络用户的侵权责任和网络服务提供者的连带责任。2014 年 10 月 10 日,最高人民法院《关于审理利用信息网络侵害人身权益民事纠纷案件适用法律若干问题的规定》正式施行,该规定进一步落实了侵权责任法的主要内容,形成了有关"人肉搜索"问题的裁判规则。④

(三)文化特征:刚柔并济

吉恩·史蒂芬斯曾说:要通过"立法程序去遏制信息空间的犯罪活

---

① 郭思.应对互联网风险的未成年人社会心理建设[J].北京青年研究,2021(4):56.
② 廖德凯.网络欺凌造成的是真实伤害[N].中国教育报,2015-06-05(002).
③ 刘兰青.试论政府网络治理的立法规制[D].北京:中共中央党校,2012:20.
④ 何明升,等.网络治理:中国经验和路径选择[M].北京:中国经济出版社,2007:244-245.

动困难重重"①。加之立法的滞后、执法的困难等因素制约,常常使得网络空间秩序的维护面临诸多现实困境,这些都使得网络欺凌行为难以得到应有的惩治。因此,对于网络欺凌的治理若是完全寄望于外在他律的适时在场,难免失望或抱怨。寻求道德自律的补位常常会取得很好的成效。因为"道德往往超出法律的约束范围,尤其是当法律解释不当或滞后于技术发展的步伐时更是如此"②。当前,我们正处于"百年未有之大变局"的社会急剧转型时期,许多新的社会矛盾已开始从现实社会向网络空间转移和扩散。网络空间的虚拟性、隐蔽性、复杂性和"去中心化"的传播特征,以及网络欺凌问题的严重性和紧迫性,决定了我国的网络欺凌治理必须坚持刚性治理与柔性治理相结合的基本原则。刚性治理与柔性治理相结合,其实就是法治和德治相结合,它是规范青少年网民的网络行为、净化网络空间生态的根本方法。

刚性治理是网络欺凌治理最基本也是最重要的方式,刚性治理的核心和实质是法治。刚性治理是以法律、法规、文件、制度等为约束力量,以权力制约为根本,以权利保障为取向,以良法善治为标志,以期良好的法律获得普遍的遵守,即实现良法与善治的有机统一。刚性治理对维护网络安全和社会秩序有着不可替代的作用。

"法"是国家治理的依据和准绳,是人民的公共利益和公共意志的集中体现。"法治是社会的基本框架、国家的治理手段、人类的理性选择,是文明社会的重要标志。"③理性是法治的基础。社会是一个需要理性支撑的合作体系,法治意味着用理性的法去治不理性的人。④ 法治精神是现代社会秩序的主要支撑。

---

① 吉恩·史蒂芬斯.信息空间的犯罪活动[J].青少年犯罪研究,1996(10):36.
② 黄寿松.网络时代社会冲突与个人道德自律[J].学术论坛,2001(2):19-21.
③ 前线评论员:论法治[J].前线,2021(3):47.
④ 前线评论员:论法治[J].前线,2021(3):47.

　　依法治国是中国共产党领导人民治理国家的基本方略,是中国特色社会主义的本质要求和重要保障。邓小平提出建设富强民主的国家不仅要靠法制,还要靠"有理想、有道德、有文化、守纪律"的人;江泽民要求"把法制建设和道德建设紧密结合";胡锦涛强调"坚持依法治国和以德治国结合";习近平指出,新时代推进国家治理体系和治理能力现代化,要"坚持依法治国和以德治国相结合,完善弘扬社会主义核心价值观的法律政策体系,把社会主义核心价值观要求融入法治建设和社会治理"。①《中共中央关于全面深化改革若干重大问题的决定》对创新社会治理方式提出"系统治理、依法治理、综合治理和源头治理"等四个原则。针对网络空间治理,习近平还特别强调:"网络空间是虚拟的,但运用网络空间的主体是现实的,大家都应该遵守法律,明确各方权利义务。"②运用法治手段解决道德领域的突出问题,通过法治的刚性,保障人民的合法权益,引导全社会崇德向善。可见,重视网络空间的法治建设是推进新时代全面依法治国的必然要求。

　　法治强调政府和国家机器不可挑战的主体地位,政府和国家机器在其中扮演的是"全知全能"的角色。但是,这种传统的"管控＋监管"治理模式,显然无法充分激发和调动各类网络行为主体的参与力量,使得全能政府的运行机制在网络欺凌治理过程中难免失灵和失效。而且,这种"命令式""家长式""运动式"的治理方式,也容易导致恰逢心理"逆反期"的青少年产生反感和抵触情绪。因此,网络欺凌治理不能一味地采取单一的"管控""弹压"手段,还需要辅之以能形成相互信任、积极配合、非强制性的"柔性治理",对刚性治理机制作必要且有益的补充。

---

① 中国共产党第十九届中央委员会第四次全体会议.中共中央关于坚持和完善中国特色社会主义制度 推进国家治理体系和治理能力现代化若干重大问题的决定[N].人民日报,2019-11-6(001).

② 习近平.习近平谈治国理政(第二卷)[M].北京:外文出版社,2017:534.

　　柔性治理是网络欺凌治理的一种新形式，它是政府社会治理价值观念演进的必然选择。网络欺凌治理的核心是网络权力的消解与重构，网络欺凌治理的突出特征是多主体参与，即主体的多元化。而柔性治理恰恰可以为匡补网络欺凌刚性治理造成的主体权力失衡提供一种行之有效的操作机制。

　　"所谓柔性治理，就是指政府坚持以人为本的理念，不是依靠自上而下的行政强制性手段，而是秉持自主、平等、民主等理念，采用非强制性方式激发治理伙伴与治理对象的内在潜力、主动性与创造性，以寻求社会对于政府治理的信任、配合和参与，从而实现善治的目标。"[①]与刚性治理不同的是，柔性治理以道德教化教人求真、劝人向善、促人尚美，通过提高人的道德素质，将遵守社会规范变为一种自觉行动，突出治理的本源，强调的是顺理、顺道、顺民心而治。"旨在让政府从高高在上的权威治理者走向平等协作的合作者，其权力强制性色彩逐渐淡化减弱，而更多地体现出民主协商的公共性品格。"[②]柔性治理过程中，"行为者之间控制与被控制的关系被打破，从单一向度的自上而下的管治，转向平等互动、彼此合作、相互协商的多元关系。在这种结构中，更多的参与者不是被迫的，而是主动的；不是命令式的，而是协商的；不是孤立的，而是合作的；不是被阻止的，而是被鼓励的"[③]。归根结底，"柔性治理彰显了现代政府治理的行为理性，要求政府治理由行政强制性管理转化为行政服务化管理的转变，由主体中心主义、权力中心主义转化为客体中心主义和服务中心主义转变，体现出了现代公共治理的科学品质"[④]。历史

---

①　谭英俊.柔性治理:21世纪地方政府治理创新的逻辑选择[J].理论探讨,2014(3):139.

②　谭英俊.柔性治理:21世纪地方政府治理创新的逻辑选择[J].理论探讨,2014(3):139.

③　刘智勇.柔性组织网络建构:基于政府、企业、NPO、市民之间参与与合作的公共服务供给机制创新研究[J].公共管理研究,2008(2):170.

④　谭英俊.柔性治理:21世纪地方政府治理创新的逻辑选择[J].理论探讨,2014(3):139.

地看,这种柔性治理的思想渊薮,可溯源老子《道德经》所谓"天下之至柔,驰骋天下之坚"的智识,柔性治理可谓老子"以柔克刚"的思想在当今网络欺凌治理中的传承与光大。

现代社会治理实践表明,自上而下的单向度的权力传递,势必严重挤压多元主体的主体性发挥与拓展空间,进而导致管理效率的低下。"柔性治理在巩固制度性权力认可的基础上,充分发挥非制度性权力影响力的作用,建立起以道德认同和服从为基础的柔性权威,让民众更加发自内心地相信、拥戴和遵从政治秩序,从而建立牢靠而稳固的地方政府权威。"①柔性治理对纾解网络欺凌治理困境具有极强的价值功用,它巧妙地规避了网络欺凌治理过程中自由权利与管理责任的失衡,摆脱人们对网络欺凌治理的路径依赖。

人与人之间在网络空间的交往需要确立共同遵守的规则。倘若没有大家共同认可和接受的规则,那么对其他行为体的稳定预期就很难形成,由此引起的交往成本就可能很高,以至于交往带来的潜在益处无法实现,结果彼此都遭受损失。法律和道德就是人们在网络交往时必须遵循的规则。

"法治是底线,是一种规范性力量,起到保障人际交往的基本秩序、防止社会向下滑落的作用。德治是基础,是一种自觉性力量,能够在治理主体自我完善的基础上优化秩序。"②可见,刚性治理与柔性治理,在治理主体、治理手段、治理效能等方面是迥然不同的。

"刚性治理是以行为者、实施者为主体,主要通过技术化、实证化、行政化手段,依靠国家强制力、威慑力和惩罚力来实施,易操作,见效快,缺点在于无法发挥治理对象的能动性,效果不能持久。反之,柔性治理则

① 谭英俊.柔性治理:21世纪地方政府治理创新的逻辑选择[J].理论探讨,2014(3):139.
② 殷辂.在实践中找准自治、法治、德治结合方式[N].中国社会科学报,2020-10-14(010).

200

是将被行为者、参与者与行为者共同视为主体,更多采用社会舆论、榜样激励等非强制性方式,激发治理对象和治理伙伴的内在潜力、主动性与创造性。柔性治理操作难度虽大,效果也不会立竿见影,但能在治理过程中充分调动治理对象的能动性,效果更加持久长远。换言之,柔性治理主要指能突破治理主体与治理对象之间的关系,改变单一向度的管制,将其转变为平等互动、互相合作、共同协商的关系,参与者也由被动接受命令变为主动参与协商。"①

(四)时代特征:技术赋能

互联网的本质特征不仅是指高科技活动本身,更大程度上是指发展高科技创新实践活动的"新的组织实践方式和组织生态",甚至包括新的思维方式和态度,如非正式关系网络、看不见的技术平台、新型组织实践形式和关系基础架构等。互联网创造了人类发展的新空间,也拓展了国家治理的新领域。网络空间不仅是看不见硝烟的意识形态交锋的前沿阵地,也是社会舆论的扩音器。只有充分利用好互联网,才能使互联网这个"最大变量"变成"最大正能量"。积极探索既适应时代发展要求,又符合网络传播规律,更具有中国特色的网络欺凌治理模式,必须充分认识和深刻把握新时代网络传播的特点和规律,在思维方式、防治机制、治理途径和工作成效上实现创新和突破。

德国当代技术哲学家弗里德里希·拉普曾经指出,"实际上,技术是复杂的现象,它既是自然力的利用,同时又是一种社会文化过程"②。这说明,在人类社会的跃升过程中,任何科学技术都不是孤立的、自足的系统,它的产生、传播和应用都与历史发展着的社会、文化、政治和经济因素有关。技术总是顺应和满足人的物质的、身体的需要,带给人类富裕、

---

① 刘亮.强化高校校园安全柔性治理[N].中国社会科学报,2020-11-10(005).
② 拉普.技术哲学导论[M].刘建新,译.沈阳:辽宁科学技术出版社,1986:57.

文明、轻松的生活。技术作为一种治理工具可以提高社会治理的水平。

由技术媒介互联网形构的网络社会,归根结底是一种技术化的社会形态,信息技术在其中发挥了基础性的作用。"技术进步所带来的挑战最终必须由技术本身来解决。"①网络欺凌是在计算机犯罪基础上衍化出来的一种新犯罪形态,它严重危害网民的身心健康和社会秩序。加强网络技术的开发,尤其是虚拟社会防控技术的开发,建立网络监控预警系统,"以技治技""实现计算机终端、网络交换机和服务器的监控与预警",②对网络技术的发展加以有效的控制和引导,提高网络空间风险的识别能力和防控处置能力,避免其演变为一种破坏性的力量,是净化网络空间、规范虚拟社会的一条重要途径。

数字技术赋能是人们寻求解决在不同社会情境中问题的技术方案。对网络欺凌治理而言,赋能最关键的意义在于,它可以将网络欺凌治理与外部的其他领域、其他资源联结起来,实现网络欺凌治理的方式创新。尼葛洛庞蒂曾经预言:"数字化生存天然具有赋权的本质,这一特质将引发积极的社会变迁。"③以人工智能、区块链、大数据为代表的数字技术将网络欺凌治理从有"数"向更加有"术"的路径转换,充分彰显了数字技术这一治理工具的赋能价值。数字技术所具有的灵活性和开放性的特点,可以凝聚政府以外的社区组织力量,架起政府、社会、市场以及社区民众之间的沟通桥梁,构建政府聚合社区合作治理的自组织能力,可以推进政府和社会全新的合作方式,形成社区合作治理的"群体智慧"。随着技术创新、技术赋能的发展,在技术赋能网络欺凌治理实践中,萦绕着

---

① Clark C. The answer to the machine is in the machine[C]//H. Bernt (Ed.). The Future of Copyright in a Digital Environment: Proceedings of the Royal: Academy Colloqium. The Hague: Kluwer Law International: 1996: 139.

② 李杨. 网络欺凌的形成机制及其治理[D]. 济南:山东师范大学,2016:46.

③ 尼古拉斯·尼葛洛庞蒂. 数字化生存[M]. 胡泳,范海燕,译. 海口:海南出版社,1997:8.

治理主体的智慧化理念一经确立,因技术选择带来的网络空间主体关系紧张态势的改善和网络欺凌治理效率的提高是不言而喻的。① 近年来,我国大力运用大数据、云计算和仿真技术,构建网络欺凌的智慧监管机制的主要举措包括但不限于以下几个方面。

(1)强化数据、算力、算法、仿真等“治理技术”的作用,及时发现和预警网络平台运行过程中的各种操纵问题;完善平台数据权属界定、开放共享等标准与监管机制;对网络异化行为的隐秘性、独占性进行有效监管;利用数据技术聚集平台运行数据,构建监测预警系统,发现潜在风险,增强网络欺凌治理的针对性和实效性。② 以网易为代表的互联网企业十分重视对技术力量的提升,每年投入 1 亿元作为安全管理经费,其中一部分就用于技术的研究和开发。目前已投入使用的信息内容审查管理系统、自动过滤系统、视频内容识别和预警系统等,均由网易自主研发完成。

(2)“建立网络防沉溺机制。对教育类学习平台和 App 严加监管,对未成年人使用频率较高的网站和 App 加强监控力度,对网络游戏实施实名认证,对短视频、微博等内容产品进行合理限制和过滤,坚决打击损害未成年人合法权益和身心健康的网络行为,从源头上为未成年人设立防止沉溺网络的心理防线。”③百度研发和使用小度在家智能屏,从使用时长、时段、内容等多维度辅助家长监护儿童,根据设备使用情况开启时长限制及一键锁屏功能,防止沉迷,助力儿童健康成长。

(3)采取技术过滤加人工巡查相结合的方式,对在运营环节所产生的信息流,包括游戏内容、游戏论坛、人物头像、实时聊天等内容进行实

---

①　周济南.数字技术赋能城市社区合作治理:逻辑、困境及纾解路径[J].理论月刊,2021(11):50-60.

②　马如国.平台技术赋能、公共博弈与复杂适应性治理[J].中国社会科学,2021(12):151.

③　郭思.应对互联网风险的未成年人社会心理建设[J].北京青年研究,2021(4):55.

时监管,及时发现清除价值立场有问题的、涉黄涉暴、网络谣言、涉黑涉赌等有害信息,全方位保障运营环境的健康。[①] 腾讯公司开发并运用图片文字识别技术助力过滤未成年人不良信息,其中包括未成年人敏感内容的鉴别,识别以未成年人为主体的儿童色情、网络暴力、青少年犯罪等行为;对未成年人不宜内容加以过滤,提供青少年模式下的内容审核解决方案,做未成年人的滤芯。网络研究专家曼纽尔·卡斯特经过考察发现,"在技术上,中国因其著名的'防火墙'而闻名,它能阻止万维网站点上 10% 的有害信息(宽泛定义下)入侵访问(Zittrain & Edelman,2002)。政府机构也应用了高级的内联网和跟踪技术,并安装了内容过滤软件,即所谓的'金盾工程'(Walton,2001)"[②]。

从国家治理体系和治理能力现代化的整体背景中理解和论述网络欺凌治理的中国实践,其独特的价值和非凡的意义在于,它植根于中国特定的社会条件和历史环境,开辟了一个真实、典型的实践探索领域,拓展了网络欺凌治理的新思维、新途径、新选择,这种对历史经验的突破与超越在其现实性上具有融通与互鉴的普适性意义。尽管在"人类命运共同体"的时代背景下,网络欺凌治理普遍成为世界各国共同的历史使命,但是,对于不同的国家和地区来说,网络欺凌治理模式的探索,其任务、进程、原则和手段却是各不相同的。显而易见的是,网络欺凌治理的历史性进程,正在世界各国以不同的方式展开着。由于各自"社会条件"和"历史环境"的差异,网络欺凌治理任务的普遍性,只有通过每个国家在其社会—历史中的具体性,才可能得到现实的展开和特定的完成。[③]

---

① 罗昕,支庭荣.中国网络社会治理研究报告[M].北京:社会科学文献出版社,2019:234.
② 曼纽尔·卡斯特.网络社会:跨文化的视角[M].周凯,译.北京:社会科学文献出版社,2009:123.
③ 吴晓明.世界历史与中国式现代化[J].学习与探索,2022(9):2.

结　语

　　日常生活与文化理论的先驱者本·海默尔认为,"现代性标志了一种断裂或一个时期的当前性或现代性。它既是一个量的时间范畴,一个可以界划的时段,又是一个质的概念,亦即根据某种变化的特质来标识这一时段。作为一个社会学概念,现代性总是和现代化过程密不可分,工业化、城市化、科层化、世俗化、市民社会、殖民主义、民族主义、民族国家等历史进程,就是现代化的种种指标。作为一个心理学范畴,现代性不仅再现了一个客观的历史巨变,而且也是无数'必须绝对的现代'的男男女女对这一巨变的特定体验。这是一种对时间与空间、自我与他者、生活的可能性与危难的体验。恰如伯曼所言,成为现代的就是发现我们自己身处这样的境况中,它允诺我们自己和这个世界去经历冒险、强大、欢乐、成长和变化,但同时又可能摧毁我们所拥有、所知道和所是的一切。它把我们卷入这样一个巨大的漩涡之中,那儿有永恒的分裂和革新,抗争和矛盾,含混和痛楚"①。网络欺凌行为无疑是现代性衍变下的各种表征之一。网络技术把人变成网络空间的主体的同时,也在把他们变成网络技术的对象。换言之,网络技术赋予人们改变世界的力量,同

---

① 本·海默尔.日常生活与文化理论导论[M].王志宏,译.北京:商务印书馆,2008:总序2-4.

时也改变人自身。

在网络空间,"一切癖性、一切秉赋、一切有关出生和幸运的偶然性都自由地活跃着"①"伦理性的东西已丧失在它的两极中,家庭的直接统一也已涣散而成为多数"②。这样一来,网络空间就成了"个人私利的战场,是一切人反对一切人的战场","也是私人利益跟特殊公共事务冲突的舞台,并且是它们二者共同跟国家的最高观点和制度冲突的舞台"③。

一、网络欺凌是现代性衍变与社会撕裂的表征

在被称之为"信息世纪"的 21 世纪里,网络空间已经成为人类社会拓展出来的一个崭新世界,人们的社会交往、经济生活、政治参与等快速地迁往网络空间。于是,数字化生存成为人类"信息时代的生存法则",网络社区成为青少年蓬勃成长的数字家园。与此同时,我们也必须充分认识到,网络欺凌行为是现实社会情境中的矛盾冲突在网络空间中的延伸,是网络技术条件新的实践交往模式的异化,也是网民的非理性心理在网络环境中的攻击性表达的投射。对于网络技术对人类的反噬作用,萨拉·基斯勒早有辨析:"某种新的技术主要起放大作用,它使人们能够做一些他们之前就已经能够做的事情,但是采用该新技术能够提高准确性和速度,而且可以降低成本。在另外一些情况下,新技术是真正有转化作用的,它使人们思考整个世界的方式、他们的社会角色及所处的社会体系、他们的工作方式以及所面临的政治经济挑战……发生着质变。有时我们首先看到的是某种新技术的这种放大作用,然而却从未意识到该新技术随后会显示出转化作用,或从未意识到起放大作用的技术只是

---

① 黑格尔.法哲学原理[M].范扬,张企泰,译.北京:商务印书馆,1982:197.
② 黑格尔.法哲学原理[M].范扬,张企泰,译.北京:商务印书馆,1982:198.
③ 黑格尔.法哲学原理[M].范扬,张企泰,译.北京:商务印书馆,1982:309.

更广泛的社会变化的一部分。"①

（一）互联网双向交互式文化更易操控人们的日常行为

马克斯·韦伯首创的生活方式范畴指涉广泛，既包括衣、食、住、行、劳动工作等物质生活，也包括休息娱乐、社会交往、待人接物等精神生活，它决定了个体社会化的性质、水平和方向，其变化势必影响人的思想意识和价值观念。约翰·费斯克认为，生活方式是"文化认同与文化实践的独特形态，尤其与现代历史的条件与文化消费的相同相关"，"生活方式的概念……显示了其中各种程度的'选择''差异'与创造性或抵制性的文化可能性"②。

自从 1984 年加拿大人吉布森（William Gibson）在其科幻小说《神经网络人》（Neuromancer）中创新性地提出"赛博空间"（Cyberspace，亦即网络空间，一种由网络技术构筑的虚拟空间）概念以来，网络空间带给人们思维方式和生活方式的颠覆性变化简直令人不可思议。

互联网创造了一个无需身体在场的虚拟交往空间，缔造了网民"令人难以置信的分享愿望"③，并深刻地改变了人类社会的生产和生活方式。"这是一个由共识、想象和兴趣凝聚而成，比现实空间更加感性、开放、自由、灵活的社会空间。在网络游戏空间中，虚拟与真实之间的界限不仅变得模糊甚至消失，而且处处充满了惊奇、幻想、刺激、颠覆、狂欢体验，这些吸引了很多青少年玩家沉浸其中，从事探险、竞争、互动、交易、角色扮演等社会行为。"④李·雷尼和巴里·威尔曼对"个人社交网络的

---

① 亚当·乔伊森.网络行为心理学：虚拟世界与真实生活[M].任衍具，魏玲，译.北京：商务印书馆，2010：20.

② 约翰·费斯克.关键概念：传播与文化研究辞典[M].李彬，译.北京：新华出版社，2004：153.

③ 凯文·凯利.必然[M].2 版.周峰，董理，金阳，译.北京：电子工业出版社，2018：157.

④ 黄少华，朱丹红.青少年与网络游戏[J].中国青年社会科学，2021(1)：79.

研究,突出强调了网络操作系统这一新的社会现实。人们不再孤单,而是与许多不同社会圈子里的人联系了起来,而这给他们提供了多样的社会资本。这种由群体向社交网络的转向影响了人们的行为以及对他们自己的社会战略的考量:他们必须理解并能清晰地找到他们位于其中的人际'太阳'系统"①。

有网友曾调侃:"世界上最远的距离不是生与死,而是我们在一起,你却在低头玩手机。"可见手机已成为青少年日常生活中须臾难以分离的必需。特克尔在《群体性孤独》一书中也指出,"我们对科技的期待越来越多,对彼此的期待却越来越少……我们不会放弃互联网,也不可能一下子'戒掉'手机。我们自己才是决定怎样利用科技的那个人,记住这一点,我们就一定能够拥有美好的未来"。

互联网既是一种颠覆性的信息技术,也是一种迥异于以往的媒体形态,同时还是一种前所未有的社会结构,其多样化的属性意味着人们可以对它进行不同功能的自由选择和利用。尼葛洛庞帝指出,"网络真正的价值正越来越和信息无关,而和社区相关。信息高速公路不只代表了使用国会图书馆中每本藏书的捷径,而且正创造着一个崭新的、全球性的社会结构"②。互联网所开辟的双向交互式文化虽然使人们更容易参与媒体活动,但是,其强大的力量却可以操纵人们的行为并使人们乐此不疲。网络技术突飞猛进的发展带来的可能性与危险性,在人文社会学者看来,抑或关涉诸如个人选择性文化、感官性娱乐、网络化个人主义等具有二元价值的问题。在这方面,英国著名传播学者尼克·史蒂文森的反思确有振聋发聩之义,"新技术的出现正在重新打造我们共享的文化

---

① 李·雷尼,巴里·威尔曼.超越孤独:移动互联时代的生存之道[M].杨伯溆,高崇,等译.北京:中国传媒大学出版社,2015:49.

② 尼葛洛庞帝.数字化生存[M].胡泳,范海燕,译.海口:海南出版社,1997:214.

景观。这种变革的真正重要性是什么呢？它必然会促成一个更具较流行的社会吗？这些元素对我们生活的时代会产生怎样的影响？……在明显分众化的媒介文化之外，信息社会正在技术富有和技术贫穷之间制造越来越大的鸿沟"①。

（二）网络欺凌折射了欺凌者在现实社会中的人生困境

虚拟现实是一个重造的经验世界，是人类创造的一种新的生存方式，具有既非物质又非意识、既实在又虚幻、超越时空的显著特征。虚拟实在的赛博空间是与自然实在的物理空间对等的空间。② 在网络虚拟空间里，人们彼此之间缺乏真正的个人承诺，而个人承诺恰恰是形成现实社会伦理的基础。丹·希勒在《数字资本主义》一书中指出，"互联网绝不是一个脱离真实世界之外而构建的全新王国，相反，互联网空间与现实世界是不可分割的部分。互联网实质上是政治、经济全球化的最美妙的工具。互联网的发展完全是由强大的政治和经济力量驱动，而不是人类新建的一个更自由、更美好、更民主的另类天地"③。数字技术帮助人类同时认识和探索现实世界和虚拟世界。

网络社会是"在原来世界的基础上发展而来的新的社会现实，它是由交往的实践主体与主体间通过网络这一中介客体构成的一个相互交错或平行的交往大系统，是现代世界交往、互动联系的媒介，是交往实现全球化的公在结构"④。曼纽尔·卡斯特认为，在这个新的社会形态里，"流动的权力优先于权力的流动。在网络中现身或缺席，以及每个网络相对于其他网络的动态关系，都是我们社会中支配与变迁的关键根源，

---

① 尼克·史蒂文森.媒介的转型：全球化、道德和伦理[M].顾宜凡，等译.北京：北京大学出版社,2006:1-3.

② 翟振明.虚拟实在与自然实在的本体论对等性[J].哲学研究,2001(6)：62-71.

③ 丹·希勒.数字资本主义[M].杨立平，译.南昌：江西人民出版社,2001:289.

④ 孙午生.网络社会治理法治化研究[M].北京：法律出版社,2014:11.

因此我们可以称这个社会为网络社会,其特征在于社会形态胜于社会行动的优越性"①。

网络社会是现实世界的折射与镜像,是数字化了的现实社会。无数网民在网络空间中因各种交往和联系而形成一种虚拟的社会关系,这些形形色色的虚拟的社会关系交织融汇,构建起一个仿若人间的虚拟社会。毋庸置喙,网络空间本质上呈现的也是马克思所说的"一切社会关系的总和",故此,虚拟网、"朋友圈"就不可避免地存在着因矛盾冲突、利益纠葛而生发的无事生非、恃强凌弱、拼打厮杀等非理性社会行为。预防和治理沉默的网络欺凌伤害,帮助青少年避免陷入霍布斯所谓的"每个人对每个人的战争",从根本上来说,有赖于每一个网民媒介素养的提升和法律意识的增强。

不言而喻,"网络空间造就了现实空间绝对不允许的一种社会——自由而不混乱,有管理而无政府,有共识而无特权"②,一个人人都可以随时随地自由通关的世界已经形成。然而,"没有自由的秩序是可怕的,但无序的自由同样是不能令人接受的"③。面对网络欺凌的困扰,我们既要洞察现代文明发展进程中的理性困境,还需以理性的精神来疗治这种当代困境,积极应对技术与资本的联动和网络社会的野蛮生长,从而使当代人摆脱"生活在文明的火山上"的阴霾的笼罩,避免网络技术对人的主体性的反噬与戕害,以使我们生活的这个世界不致演变为一个看起来越来越不受我们控制的"失控的世界"。

(三)网络欺凌治理内嵌庞大的社会结构和文化环境问题

互联网作为当代先进的信息传播工具,在为青少年社会交往提供快

---

① 曼纽尔·卡斯特.网络社会的崛起[M].夏铸九,王志弘,等译.北京:社会科学文献出版社,2001:434.

② 劳伦斯·莱斯格.代码[M].李旭,译.北京:中信出版社,2007:4.

③ 张旅平,赵立玮.自由与秩序:西方社会管理思想的演进[J].社会学研究,2012(3):23-47.

捷方便、为其自我实现提供发挥个人空间的机遇的同时,也因为它的及时、互动、海量、匿名等特点,以及网络主体多为思想不够成熟、对社会认知度较低的低学历网民群体,该群体容易受到环境和他人的影响,缺乏理性的辨识能力①,这在一定程度上增加了网络空间治理的难度。网络空间中的种种不安全因素对青少年的价值观念、思维方式、行为规范、个性心理等的影响不容小觑。

从系统性角度看,网络欺凌不只是一个单纯的网络安全问题,还是一个媒介社会关系问题。当线下的人际关系向网络空间延伸,社会矛盾也随之在网络空间中传播和发酵。全球赛博空间蔓延的网络欺凌问题,不仅凸显了网络传播时代青少年成长发展过程中心智失衡的严重情状,也深刻反映了网络空间道德规范与道德秩序的重建刻不容缓。

本研究在对网络欺凌的概念、方式、类型和特征进行阐释和概括的基础上,分析梳理了网络欺凌的问题现状及其形成原因,重点探究了美国、英国、德国、澳大利亚和日本等五个发达国家网络欺凌治理的方略经验,总结了我国创新网络欺凌治理的独特实践,提出了加强基于网络欺凌治理的数字公民教育的思考与对策。

考察发现,在应对网络欺凌的挑战上,世界各国治理路径最明显的不同,表现在网络欺凌治理相应政策的着力点和侧重面上。例如,美国是全球最发达的国家,网络技术和社交网站的发展为美国青少年的网络欺凌行为提供了温床,但美国高度重视法律规制,不同于其他国家通过修订基本法的相关条例来规制网络欺凌,美国各州纷纷出台专门的单行法来实现规制网络欺凌的目的。英国是世界上较早关注网络欺凌现象的国家之一,它在提供网络欺凌治理的信息服务方面令世人印象深刻,且独具特色。组建"英国反欺凌联盟",发布《学校的反欺凌手册》《网络

---

① 罗昕.网络社会治理研究:前沿与挑战[M].广州:暨南大学出版社,2000:148-149.

有害内容白皮书》，创建专事信息服务的网站，提供免费培训和求助服务，开展"净网"除恶行动等多措并举，突出了欺凌治理的公益性、覆盖面、实效性，青少年网络欺凌发生率逐年下降。德国则从青少年本身入手，通过构建数字公民教育体系，提升青少年的网络空间道德意识、责任意识和安全意识，增强主体内在的自律，达到防治网络欺凌的目的。澳大利亚与美国一样，崇尚个人主义，并且从其历史来看，还有着西方游牧民族传承下来的力量崇拜，带有强者至上的文化基因，这也是澳大利亚欺凌现象之所以猖獗的文化渊源。对待网络欺凌问题，澳大利亚采取的是疏导为主的对策，重视公民和青少年的素质培养，在全社会推行培养计划和培训课程，注重提升数字公民的数字媒介素养，特色鲜明且具较强的普适性。日本一度奉行极端的集体主义，并且在日本历史上，曾有过专制独裁的法西斯时期，使得日本人的等级分明意识上升到了极点，格外强调长幼尊卑。在日本社会中，有先辈（sempai）和后辈（kohai）、目上（meiue）和目下（meishita）概念，后者要绝对服从前者，前者对后者具有强制权力，因此，不难解释日本校园及网络中欺凌弱小的现象。此外，由于日本对集体主义、团结一致性的强调，"异类"遭遇打压的现象也十分严重，在网络空间中，甚至表现为集体欺凌个体。这与同为东亚国家的中国有一定的相似之处。因此，引入日本在技术上强力遏止网络欺凌行为发生和泛滥的"治标"之策，也不失为中国现阶段应对网络欺凌的一种选择。①

联合国工作组曾对网络治理作过明确的表述："互联网治理就是各国政府、企业界和民间团体从他们各自的角度出发，对于公认的那些塑造互联网的演变及应用的原则、规范、规则、决策方式和程序所做的发展

---

① 王凌羽."网络欺凌"治理的国际经验初探[D].杭州:浙江工业大学,2017:32-33.

和应用。"①这个界定意味着世界上的网络治理并没有一个统一的治理模式可循,各国必须立足自己的国情,依照自己的理解进行创新性的探索与实践。2016年,中共中央办公厅、国务院办公厅印发的《关于进一步把社会主义核心价值观融入法治建设的指导意见》,为以德治网和依法治网提供了思想和政策指引。以德治网与依法治网二者辩证统一,相辅相成,相互促进。以德治网是以网络道德来规范或约束网络主体的行为,依法治网是建立、维护、实现网络道德的法律保障。有学者指出,"从社会现实生活看,一方面,只强调网络道德的作用,而没有法律的规范,网络正常秩序就难以维持。只有以法律为保障,才能强化网络道德规范的约束力。另一方面,依法治网的实现在很大程度上取决于提高和改善网络主体的道德水准和社会风尚。'只有通过不断加强网络主体的网络道德建设,强化网络主体的道德意识,提高网络主体的道德素质,才能不断提高依法治网的效果'"②。

(四)重建网络公序良俗必须辩证施策共同治理

科学技术的两重性表明,"技术每提高一步,力量就增大一分。这种力量可以用于善恶两个方面"③。科学技术是一把双刃剑,它既可以成为催生网络欺凌的重要工具,也可以成为遏制网络欺凌的有效手段。网络欺凌问题的解决最终需要技术、人文与社会等多种手段协同,其中以下几组关系尤需稳妥处理。

一是处理好自由权利与责任义务的关系。网络空间实现了人们自由言说的可能,技术赋能为保障公民权利开辟了新的途径。然而权利与

---

① 何明升,等.网络治理:中国经验和路径选择[M].北京:中国经济出版社,2007:12-13.

② 吴玉兰.以德治网与依法治网[M].宁波:宁波出版社,2021:34.

③ 池田大作,阿·汤因比.展望二十一世纪——汤因比与池田大作对话录[M].荀春生,朱继征,陈国樑,译.北京:国际文化出版公司,1985:388.

义务如影随形,不可偏废。法国《人权和公民权宣言》第四条规定:"自由就是有权从事一切无害于他人的行为。因此,各人的自然权利的行使,只以保证社会上其他成员能享有同样权利为限制。此等限制仅得由法律规定之。"第十一条规定:"各个公民都有言论、著述和出版的自由,但在法律所规定的情况下,应对滥用此项自由担负责任。"由此可见,自由是相对的,在法律上是有限度的,国家可以也应当依法管理新闻事业。为所欲为的"绝对自由"在世界上是不存在的。那种标榜绝对"新闻自由"的人不是对自由的无知,就是别有用心。卢梭曾把法律比作"一种有益而温柔的枷锁","如果人民企图摆脱约束,则他们就更加远离了自由。因为他们把与约束相对立的那种放肆无羁误解为自由"。

二是处理好"线上与线下"的关系。网络世界固然可以相当程度上满足青少年"通过网络贡献和分享,努力丰富自身的网络关系和建立网络声誉",以及"找到其所需信息,并帮助理解其意义"的愿望[①],但是过于依赖线上活动而忽视线下活动,无疑容易导致青少年对现实社会的疏离。从历史上看,网络欺凌与社会问题密切相关,它是一个复杂的社会和心理健康问题,跨越了线上/线下部门,全天候运作,因此需要一系列有针对性的应对措施。倡导青少年网络信息时代健康而丰富的生活方式,在创造有形的物质价值的同时,也创造无形的精神价值,譬如人与人相互理解、信任、关爱和慰藉,而这应当是网络技术之于人类的价值与意义所在。

三是处理好"堵与疏"的关系。就网络欺凌治理而言,"法律是底线,道德是上线"[②]。法律着眼于当然之理和必须之矩的外化,道德致力于

---

① 李·雷尼,巴里·威尔曼.超越孤独:移动互联网时代的生存之道[M].杨伯溆,高崇,等译.北京:中国传媒大学出版社,2015:201.

② 前线评论员.论法治[J].前线,2021(3):47.

内心律令的确立。法律治行,道德治心。如果说法治旨在"堵",那么德治则意在"疏"。法律与道德虽然各有侧重,但是并不相互对立,而是相辅相成,相得益彰。当代青少年在和平、安全、开放、合作的网络空间里健康成长,不只需要个体的道德自律,在某种意义上,法律的他律更具有规范的力量。良法善治赋予法治高度的社会整合力。从"法律是底线的道德,也是道德的保障"①的意义上讲,网络空间立法是治理网络欺凌行为最有力的手段之一。

但是,法治不是万能的,依法治国并不排斥以德治国,两者不能偏废。"必须以道德滋养法治精神,强化道德对法治文化的支撑作用"②,藉此促进社会公平正义和国家长治久安。习近平高度重视法治与德治的有机统一,他说:"法律是成文的道德,道德是内心的法律。法律和道德都具有规范社会行为、调节社会关系、维护社会秩序的作用,在国家治理中都有其地位和功能。法安天下,德润人心。法律有效实施有赖于道德支持,道德践行也离不开法律约束。法治和德治不可分离、不可偏废,国家治理需要法律和道德协同发力。"③因此,我们必须"既重视发挥法律的规范作用,又重视发挥道德的教化作用"④,"以法治体现道德理念、强化法律对道德建设的促进作用,以道德滋养法治精神、强化道德对法治文化的支撑作用。"⑤习近平的这段话清楚地揭示了善治理念之下法律与道德的关系。为此,他反复提醒人们:"法律是准绳,任何时候都必须遵循;道德是基石,任何时候都不可忽视。在新的历史条件下,我们必须坚持依法治国和以德治国相结合,使法治和德治在国家治理中相互补

① 习近平.习近平谈治国理政(第二卷)[M].北京:外文出版社,2017:134.
② 习近平.习近平谈治国理政(第二卷)[M].北京:外文出版社,2017:117.
③ 习近平.习近平谈治国理政(第二卷)[M].北京:外文出版社,2017:133.
④ 习近平.习近平谈治国理政(第二卷)[M].北京:外文出版社,2017:116.
⑤ 习近平.习近平谈治国理政(第二卷)[M].北京:外文出版社,2017:117.

充、相互促进、相得益彰,推进国家治理体系和治理能力现代化。"①

四是注意处理好"公与私"的关系。把握公共利益与个人隐私的平衡,是网络欺凌治理过程中需要审慎处理的一对关系。网络作为公共空间,承担着通过网站、朋友圈、微博、微信、视频日记、专家、书籍等途径满足公众对信息来源需求的义务,以促进知识生产、文化交流、情感沟通和社会发展。但是,网络空间并非世外桃源,由于自上而下的监控、相互监督和自下而上的监督与日俱增,隐私保护益发受关注。有必要让网络化的个人充分意识到那些让个人信息不受限制地进行网络发布的代价,并相应调整自己的网络行为,按照关系性质和情况差异确定和控制究竟谁能看到什么内容,以减少网络欺凌的潜在风险。

二、数字文明时代呼唤数字公民教育

互联网技术既给人类社会带来了巨大变化和进步,也给人类的文化、价值观等精神世界造成了许多消极的影响甚至破坏性的后果,以致匿名网民不负责任的行为时有见闻。

美国预言家埃塞·戴森曾提醒世人:"数字化是一片崭新的疆土,可以释放出难以形容的生产能量,但也可能成为恐怖主义者和江湖巨骗的工具,或是弥天大谎和恶意中伤的大本营。"②近些年来,网络欺凌作为一个新的全球性社会问题,因其所导致的恶性事件频频出现而引起各国学界和教育界的广泛关注。网络欺凌的蔓延不仅背离了网络传播开放共享的本质特征,导致青少年道德沦丧和人格异化,而且还严重破坏网络安全、文明秩序和社会稳定。《2014 联合国电子政务调查报告》曾提

---

① 习近平.习近平谈治国理政(第二卷)[M].北京:外文出版社,2017:133.
② 吴玉兰.以德治网与依法治网[M].宁波:宁波出版社,2021:38.

出,"通过加强公众的数字媒体素养,教育公众,培养技能,转移知识,由公众自身引发的互动来增强其权能"①。从构建"网络空间命运共同体"的角度而言,探讨网络欺凌治理的有效之策当是现代公民的共同责任。

互联网是否有助于理想公共领域的实现、网络言论是否构成一个"网络公共领域"之类的议题成为热点。首要也最显而易见的是,"虽然几乎每个人都能使用互联网,但并不是每个人都能够有效利用互联网,他们缺乏如社会学家艾斯特·赫吉塔(Eszter Hargittai)所说的'数字技术'和分析师霍华德·莱恩格尔德(Howard Rheingold)所说的'互联网素养'和'网络智能'。互联网使用的技术差异能够加剧社会不平等,从而形成新型的数字鸿沟"②。因此,不论我们作为个体还是全体,如果想按自己的意愿行事,想用我们创造的科技答疑解惑,想要发现生命的意义,以寻找更好的社会形式和尊重自然本性,我们就需要确保我们的行为符合我们生活的这个建立在互联网的所有沟通网络的网络社会中对于控制与自由的详细解释和规范。③

(一)数字公民教育的现实逻辑

数字公民教育这个概念在时下被忽视的程度需要关注,对此我们可以在不少人对数字公民教育的内涵和外延茫然无知、许多学校迄今尚未开设此类课程或教育内容的活动的窘状中找到例证。这个观点可能听上去有些不甚乐观,但在某种意义上这也许是所有网络欺凌治理研究者的共识。

---

① 贾哲敏.互联网时代的政治传播:政府、公众与行动过程[M].北京:人民出版社,2017:250.

② 李·雷尼,巴里·威尔曼.超越孤独:移动互联时代的生存之道[M].杨伯溆,高崇,等译.北京:中国传媒大学出版社,2015:65.

③ 曼纽尔·卡斯特.网络星河:对互联网、商业和社会的反思[M].郑波,武炜,译.北京:社会科学文献出版社,2007:292.

随着网络媒体、社交媒体和移动终端等新兴媒体的崛起，人们获得了无需直接接触真实的人就可以随心所欲地表达个人的意绪、观点和诉求的赋权，由此人际传播变得越来越脱离具身、脱离真容。于是，线上交流、网络传播的方式随之具有了去真实性的特征，它在跨越时空、无远弗届的同时，也剥夺了人们的具身感知和真切触感。无垠的网络空间通过对有限的现实世界的置换，帮助人们实现了在浩渺的虚拟世界里仿真交流、自由驰骋的可能。借助这些高效而便利的网络媒体、社交媒体和移动终端，真真假假的信息在生产、发送和接收的过程中未经中介的调整与过滤一路畅通无阻。作为一种制度性设计，"把关人"这一介入性机制名存实亡。影响所致，"在一个不经筛选、不需为观点作出证明以及允许匿名发布的网络世界里，夸张和虚构都已成为司空见惯的行为……在传统的媒体世界里，《反诽谤法》可以保护人们免受各种恶毒的人格诋毁的伤害。由于人们可以随意发布信息以及网络匿名的特点，《反诽谤法》很难适用于数字世界"①。

玛丽贝尔·洛佩兹在其著作《指尖上的场景革命：打造移动终端的极致体验感》中指出，移动技术、云计算、社交网络和大数据这四大技术潮流汇聚到一起，任何奇迹都会发生，科幻电影里让人迷恋的东西正在走下银幕，这四大技术凝聚到一起，力量之大，影响之深，人们的社会行为和市场模式都会因此发生不可逆转的改变。受惠于网络技术的赋权，人们得以超越空间阻隔和文化差异在一个全新的空间里不期而遇。这是一个充满隐形连接和潜在朋友的新世界，它包孕着巨大的际遇与欣喜，但也暗藏了许多的不测与危机。事实上，空间距离的缩减相当程度上导致了精神距离的消弭，减少了人际交往过程中必要的礼仪与庄敬，弱化了对个体生命的尊重以及对社会伦理规范的敬畏，从而使社交媒体

---

① 王哲平. 新媒体时代影响美国传媒公信力的三要素[J]. 编辑之友，2013(9)：110.

时代蜕变为"大众时代",滑向古斯塔夫·勒庞所谓的"向着无政府状态过渡的时期"。

　　拟态环境下的网络传播,人人都可以参与信息内容的生产、分发和接收,并且实时更新和扩散。更重要的是,信息传播的非对称性使得社交过程变得十分复杂,甚至"不识庐山真面目"。网络欺凌正是在这样一种技术和文化语境下滋长起来的一种异化的传播,它本质上是一种极具破坏性特征的非对称传播。在实施过程中,欺凌者可以任性散播冲动、恣意攻击毁谤,却又由于技术上的匿名性和法律上的"空窗期",不易使他们现形和受罚,这也无形增加了网络欺凌的威力和危害。因此,有学者"将网络世界的'人'与'人'交互视为人之'符号'与'符号'的交互,而这样的交互最终带来的将是自我的'虚无化',存在着丧失'我'的危险"①。应当说这种透过现象看本质的观点很有见地。

　　基于数字化和智能化推动的数字文明是继农业文明、工业文明之后的一个新的文明世代。"当今媒介技术的一个重要特征是,技术发展已经使得媒介全面侵入主体,使用媒介成为人们的基本存在方式,人类文明进入'媒介化生存'阶段。"②青少年是网络媒介最主要的使用者和消费者,也是最易受网络媒介影响的群体。他们对媒介信息的理解能力、识别能力、批判能力以及对网络媒介的正确认知与合理使用能力,对于建设风清气正的网络空间环境,起着十分关键的促进作用。加强青少年的媒介素养教育和数字公民教育,引导和培养青少年正确和理性的网络行为意识,切实提升青少年对网络欺凌的辨识能力和应对能力,是预防和减少网络欺凌的重要路径之一。

---

　　①　陈伟宏.网络社会的伦理与道德教育——"第26届中韩伦理学国际学术大会"综述[J].道德与文明,2020(1):156

　　②　吴飞.数字文明:人类进入文明新世代——《视听融媒体概论》序言[EB/OL].(2020-11-17)[2022-10-20].https://www.chinaxwcb.com/info/567499.

网络欺凌屡禁不止且呈逐渐上升趋势,固然与我国网络安全配套法律法规尚不完善,个人信息保护、数据治理等网络治理热点问题存在较大立法空白,网络空间治理体系存在一些疏漏和短板不无关系,但是,"行业事中事后监管能力有待进一步加强,技术手段尚不具备'动态感知、实时监测、精准溯源、违法处置'的管理能力,基于信用的监管机制尚未完全建立"①也是不争的事实。如何健全网络安全管理,从日常网络维护与操作上防止不安全的管理制度漏洞,通过对网络使用者与网络系统的管理与控制,杜绝网络欺凌发生的人为失误与管理缺陷,显得十分迫切和必要。

网络空间是由信息技术建构出来的虚拟世界,网络欺凌因此也主要是网络技术异化使用的一种表现形式。推动技术防控无疑是维护预防和治理网络欺凌的优先选项。尽管用技术手段来防范和化解风险、危险和灾难的风险预警与控制机制,又必然导致另一种我们不愿意看到的结果,那就是,这种风险预警与控制机制可能会牵扯出新的进一步的风险,可能会导致更大范围更大程度上的混乱无序,可能会导致更为迅速更为彻底的瓦解和崩溃,但是,在特定历史阶段,以技术创新规避技术风险仍不失为行之有效的方法。

(二)数字公民教育的理论逻辑

虚拟实在之于人类的意义在于,它"使人类第一次真正地拥有了两个世界:一个是现实世界,一个是虚拟世界;拥有了两个生存平台,一个是现实的自然平台,一个是虚拟的数字平台。现实世界与虚拟世界,现实平台与数字平台,相互交叉,相互包容,从而使人的存在方式发生了革命性的变革。"作为人类中介系统的革命,虚拟"使主体和客体系统发生

---

① 郑安琪.立足现实基础 推动我国网络强国建设[J].通信管理与技术,2020(3):7.

了跳跃式的发展,使人类由以前的语言符号文明进入更高级的数字文明"①。

"互联网技术通过对时空以及本地概念的改写,构建了新的文化形态和新型文化身份。"数字时代,互联网冲破了边界与地域的围栏,使得文化与地域和社会的天然关系发生了破裂。②杰森·欧勒(Jason B. Ohler)在《数字社区,数字公民》一书中强调指出:"当今人们除了拥有传统田野式社区的公民身份之外,还增加了一重现代数字式社区的数字公民身份,即在虚拟空间中运用数字技术从事学习、工作和生活。"③当代青少年与生俱来的这一新质特征,也给当代教育提出了新要求,注入了新内容。

"美国国际教育技术协会(International Society for Technology in Education,ISTE)认为,所谓合格的数字公民,是指'能够践行安全地、合法地、符合道德规范地使用数字化信息和工具'的人。数字公民教育研究学者迈克·瑞布在其著名的《学校中的数字公民教育》一书中也认为,数字公民是指在应用技术的过程中能够遵循相应规范而表现出适当的、负责任行为的人。"④美国一个国家教育组织联盟亦强调,数字公民应该具备正确且负责任的行为规范,数字公民能力包括包容、知情、参与、平衡和警觉五种胜任力。⑤

源于美国的"数字公民"(digital citizenship)教育,其最初目标意在实现公民与互联网的连接。"随着互联网的普及,数字公民教育的目标

① 陈志良.虚拟:人类中介系统的革命[J].中国人民大学学报,2000(4):57-63.
② 梁虹.互联网治理的挑战:技术与文化身份的视角[J].新闻与传播研究,2016(1):102-109.
③ 李玉秀.数字公民视角下社区精细化治理研究[D].郑州:郑州大学,2018:11.
④ 杨浩,徐娟,郑旭东.信息时代的数字公民教育[J].中国电化教育,2016(1):9.
⑤ 钟悦.美国:重视学生媒介素养与数字公民教育[J].人民教育,2021(2):78.

开始转变。2004 年,里布尔(Ribble)、贝利(Baily)和罗斯(Ross)在《数字公民:进行合理的技术行为》一文中认为,'数字公民是那些规范地使用信息技术的人'。那时,数字公民教育的一大目标便是促使信息技术使用者形成规范的使用行为。"①

类似的见解还有,"非营利组织'常识媒体'(Common Sense Media,CSM)在《21 世纪数字素养和数字公民》报告中指出,'数字公民教育的目的是教会学生在使用互联网、手机或其他数字媒体时如何分辨信息,并对自己的行为负责'。阿凯恩(Kahne)等学者则认为,数字公民教育不仅仅是一套网络行为规范,相反地,数字公民教育主要通过教育让个人学会如何主动解决问题,并参与在线平台、社区。数字公民教育的最终目标是帮助各个年龄段的学生了解如何在线上和线下成为一个负责的、正义的、积极参与的公民"②。

时至 2007 年,里布尔在其出版的《学校中的数字公民教育》一书中,围绕数字公民教育的要素内涵展开了全面系统的论述。在他看来,数字公民教育至少应当包括这样九个要素,即"数字准入、数字礼仪、数字通信、数字素养、数字商务、数字健康、数字法律、数字权利与义务、数字安全。2011 年,他又推出了《学校中的数字公民教育》(第 2 版),将数字公民教育的九个要素分为三大主题,即尊重(respect)、教育(education)和保护(protection)"③。

我国的数字公民教育研究目前还处于起步阶段,相关的研究成果还十分有限。杨浩、徐娟、郑旭东合撰的"《信息时代的数字公民教育》是目前国内较为详细研究数字公民教育的文章。该文阐述了数字公民和数字公民教育的含义、基本要素以及演变过程,认为只有开展系统的、多方

---

①②③　林瑶.数字公民教育视角下的青少年网络欺凌治理研究[D].杭州:浙江工业大学,2017:7.

合作的数字公民教育研究和实践,才能提高公众的数字公民意识,进而解决我国教育信息化进程中的教育公平、大数据分析、教育国际化等问题"①。

张立新和张小艳在 2015 年发表的《论数字原住民向数字公民转化》论文中,从意识、知识、能力和文化四个层面对数字公民的要求进行了概括,这一视角比较新颖,有别于里布尔的尊重、教育和保护三大主题分类。作者强调,促使数字原住民向数字公民转化,需发挥学校、家庭和社会组织的教育责任。②

吴丽娟在《大学生数字公民责任现状调查》一文中指出,数字公民教育可以提升数字公民责任,文章将数字公民责任划分为四个维度,分别是自我提高与控制、参与社会建设、规范数字社会行为、维护数字社会秩序。③

总体上看,这一时期的国内外数字公民教育研究不断趋热,成果逐渐增多。"研究热点包括数字公民教育概念与内涵界定、必要性与建议、影响因素分析及测量工具研发,以及数字公民教育缺失的不良影响及干预;研究前沿包括数字鸿沟对数字公民教育的影响及其干预、互联网时代的公民参与、数字公民教育的应用实践探索。"④ 比较而言,欧美和澳大利亚等国的研究者更为活跃,贡献突出,而我国的研究因对数字公民教育问题尚未引起足够重视而显得相对落后,有关数字公民教育的介入与实践等操作层面的对策研究短板明显,这也为未来的研究者提供了较大的拓展空间。

(三)数字公民教育的范畴逻辑

网络空间是青少年新的主要活动场所。他们将网络使用作为日常

---

①②③④　林瑶.数字公民教育视角下的青少年网络欺凌治理研究[D].杭州:浙江工业大学,2017:8.

生活不可或缺的一部分,而各种不良的上网行为又将他们置于不同的网络欺凌风险之中。研究者和教育工作者的一种高度共识是,加强青少年数字公民教育,构建其数字化生存能力图谱,是应对网络欺凌风险与挑战的必要手段。从责任践履、道德规范、风险辨识、使用安全和交流发展五个维度着眼,数字公民教育应着力培养青少年以下五种能力。

1. 责任践履能力

人类社会的任何一种生活都有相应的责任约束,网络世界亦是如此。责任践履能力是构建和谐数字社会秩序的基石。晴朗的网络空间、健康的网络生活离不开青少年的责任守护。提升青少年的数字公民素养,防范网络欺凌事件的发生,杜绝无知或恶意的身心伤害,首先需要青少年明确自己的责任践履。事实上,导致各种网络欺凌事件频仍的原因,十分关键的一点就是涉事者责任认知的缺失、责任意识的淡薄和责任能力的不足。面对持续不断的恐吓要挟,涉事人是委曲求全,还是挺身而出?面对谣言蛊惑、恶意中伤,是充耳不闻?还是以正视听?面对不雅视频、侮辱言语的无端骚扰,是视而不见听之任之,还是积极应对妥善处置?凡此都检验着一个人的责任践履能力。当代青少年作为伴随互联网和新媒体技术成长起来的“数字原住民”,他们的日常生活将被虚拟现实、算法推送、人工智能、数据可视化等数字工具所包围,在该时代背景下,数字公民教育的关键是培育他们的责任意识和参与意识。一个善治良序的社会,需要激发青少年的正义良知,需要引导他们在网络实践活动中切实履行与其社会角色相称、与网络规范相符的职责义务。

2. 道德规范能力

网络道德规范的是网络传播主体的道德行为和道德现象。为个人行为和组织政策划定边界的道德,理应成为网络空间的终极管理者。数字时代凸显的网络欺凌和社会失范,警示我们在家庭教育、学校教育和社会教育过程中,尤需关注并加强青少年的道德教育和行为规范。如何在数字时代培养富有同理心和责任感的数字公民,涵化"亲社会情感",激发他们积极参与公共生活与公共事务的热情?如何形成尊重他人的感受、隐私和禁忌的文明习惯,养成友善、成熟、理性的网络交往行为?如何自觉接受虚拟共同体和虚拟社区的行为规约,创建文明和谐的网络生态环境?均是数字公民教育十分关键的内容。成功的数字公民教育更重要的是帮助青少年从内心明德向善,自觉遵守数字时代赋予自己的社会角色和义务,而非仅仅借助种种保障与惩戒机制施以外部强制。欧洲委员会教育政策与实践指导委员会针对数字社会中大量存在的网络欺凌、隐私泄露等问题,颁布了一项名为《数字公民教育项目》的行动计划,"成立了由互联网治理、儿童权利以及教育领域专家组成的专家组,解决跨领域的教育和法律问题,帮助学生具备积极负责任地参与数字社会的能力"[①]。

3. 批判性思维能力

批判性思维能力是未来核心素养的基础,是创新型人才最突出的素质和标配。如何在网络交往中基于理性和事实对社会中的人、事、情作出清明的评判?如何审慎地对待赛博空间各种复杂的现实情境与困难挑战?如何在线上讨论交流中谦逊地包容他人的见解而"和而不同"?在尊重、质疑、反思中"求真""问道",从而"避免'诉诸权威''众所周知''诉诸情感立场''打稻草人''不当归因'等常识陷阱和逻辑谬误"[②]……凡此种种都离不开批判性思维。批判性思维之于网络欺凌治理的重要性,体现在当事实和真相被遮蔽、操纵甚或利用时,他们可以借助常识判

---

① 王佑镁,宛平,柳晨晨.培养负责任的数字公民——国际数字公民教育政策文本的多维比较[J].比较教育研究,2021(3):13.

② 周晓阳.批判性思维是学习品质的保障[N].中国教育报,2018-11-08(007).

断、逻辑分析和理性审辨,在各种无意传播和有意混淆的信源中,辨清事实真相,判断是非曲直,穿透表象本质,避免陷入"盲人牵盲人"的泥淖。因此,日本根据未来社会发展的趋势,将其"21世纪关键能力"框架的核心目标由"生存能力"调整为"思考力",突出强调问题解决、审辨性思维和元认知能力。

4. 数据应用能力

数据应用能力,是指一个人能在复杂的信息系统里进行数据挖掘、数据评价、数据清洗、数据分析、数据整合和数据可视化呈现的能力。它不仅是一种重要的文化资本,还是一种必不可少的生存条件。由移动、互联、数据、社交形塑的数字生活方式是如此令人不可思议,以致我们行至任何一处都可能留下"数字脚印"甚或"基因密码"。社交媒体和自媒体上的虚拟交往有可能泄露更多的个人信息,由此带来意外的数据贩卖、人身攻击、财务欺诈甚至生命威胁。数据应用能力促使人们反思数字生活方式带来的网络欺凌问题的解决方法。2015年,作为一家非营利性慈善组织的加拿大数字与媒体素养中心,对外发布了《数字素养教育框架》,次年又进行了适时修订。《数字素养教育框架》面向全体中小学在校学生,以数字素养和批判性思维能力培养为核心目标,明确提出了不同学习阶段的学生应该具备的数字应用能力的进阶标准,要求他们以积极的姿态,了解与信息技术密切联系的人文与社会科学领域的重要问题,以确保其网络行为安全、合法,具有社会责任感和示范性。

5. 沟通共享能力

沟通共享能力不仅是数字时代的思维方式和领导方式,也是数字时代携手工作、实现真正变革的方式。今天的青少年不仅要善于与自然人交流,以同理心和共情力去看待、理解和处理人世间的纷繁复杂,还要能以谦卑之心学会与类人(它能以更有效、更准确的自然语言与人类交流)

沟通,通过人机对话深入认识、解析和预测它们的内心世界、行为逻辑及可见结果。网络化、全球化、数字化时代,人们的生活条件、工作环境、交往空间都有了与以往不可同日而语的改变,新闻信息、业务数据、意见观点的传播、分享、交流成为常态。在日益频繁的人际交往和人机交流的语境下,如何遵循网络传播"互通互联、共享共治"的理念,对构建网络空间命运共同体、抵御网络欺凌风险来说就显得至关重要。依传播学者贝克(Bakke)之见,"移动沟通技能包括异步沟通、使用意愿程度、移动偏好、移动沟通效率、情感和交流适当性这五个方面,因而从这五个方面提升数字时代的数字装备配置以及公民的主观情感因素有利于沟通共享能力的提升"[①]。

(四)数字公民教育的实践逻辑

网络欺凌绝非一个单纯的技术安全问题,它还是一个虚拟社会和媒介社会的关系问题。网络欺凌内嵌庞大的社会结构和文化环境中的加害与被害双方,因而绝非单一的个体问题。加强数字公民教育,预防和治理网络欺凌顽症,需要全社会立足于公共利益/公共服务的认知共同参与,群策群力,形成协同治理的运行机制,净化网络空间的生态系统。

1. 政府主导机制

在预防和治理网络欺凌、推进数字公民教育的过程中,政府无疑起着主导作用。政府负责对数字公民教育进行顶层设计,监管学校、社会、媒体和家庭协同落实。譬如,美国和加拿大的教育部从国家系统性角度考虑,把数字公民教育整体性地纳入1~12年级的教学课程安排之中。"除了决策、监管及审查,政府还可以在各相关部门之间形成协作机制、

---

① 徐顺.基于社会认知理论的大学生数字公民素养影响因素及提升策略研究[D].武汉:华中师范大学,2019:106.

组织或支持开展各类项目或专题活动,为数字公民教育的进一步推进提供建设性力量。"①

教育部统一部署面向全体在校学生开设的数字公民教育课程,可以加大推进数字公民教育的力度。在全国范围内统一开课是一项庞大、复杂且系统的工作。实施初期,教育部可以先在大、中、小学中各选几所增设数字公民教育课程的试点学校,然后再向全国全面铺开。

"开设数字公民教育课程,教育部亟需展开的具体措施有:(1)前期:发布指令性文件,要求每个学校开设数字公民教育课程;向学校提供数字公民教育指南,详尽阐述数字公民教育的目的、内容以及实践方针;(2)中期:成立一个数字公民教育工作小组,专门负责数字公民教育课程教材的整理、撰写;对学校开展数字公民教育课程的老师进行培训;(3)后期:对学校开设的数字公民教育课程进行监督和评估,将学校的数字公民教育课程纳入教学评估体系。"②

2. 学校主渠道机制

研究表明,青少年的信息与通信技术(Information and Communications Technology,ICT)素养与他们在互联网中的受益率成正比,这就意味着ICT素养越高的人,防范和化解网络欺凌风险的能力越强。欧美主要发达国家的学校开展数字公民教育的通行做法是,将数字公民和数字素养课程纳入学校课程体系,培养学生的同理心和自尊心,引导学生安全、负责任地使用ICT。据统计,"亚太地区约有50%的成员国制定了政策,要求将ICT素养纳入学校课程体系——包括学科课程、综合课

---

① 周小李,王方舟.数字公民教育:亚太地区的政策与实践[J].比较教育研究,2019(8):9.
② 林瑶.数字公民教育视角下的青少年网络欺凌治理研究[D].杭州:浙江工业大学,2017:34.

程以及课外课程"①。至于师资力量,"经费充足的学校可以聘请校外专业老师来授课,经费相对紧张的学校则可以由经过专业培训的辅导员或信息技术老师来负责。此外,学校要为老师提供专业支持和专业发展机会,定期组织老师参加数字公民教育培训"②。

除课堂教育的主渠道之外,学校还可以"让学生参与到数字公民教育的推进过程。学校选取部分优秀或具有良好数字素养的学生,对他们进行相关的数字公民教育培训,接受培训后的学生,成为校园里的数字公民教育宣传员,帮助班级同学了解正确规范的数字礼仪,指导同学如何分辨网络信息和如何在网络中保护自己,带领同学共同提高网络安全意识、道德意识和责任意识,营造浓郁的校园文化氛围"③。

3. 家庭监督机制

家庭教育对青少年成长的影响是烙印式的。数字时代,家长不仅要教导孩子现实生活中的行为规范,而且要指导他们如何在网络空间正确地使用数字技术。家长监督是降低网络欺凌风险的一种重要预防手段,不少学者的研究已经证实了家长监督与网络欺凌存在一定的联系。④家长对孩子的关怀和监督能够在一定程度上帮助孩子化解网络冲突中的问题,尽管性别不同预防效果也有所差异。

首先,家长要努力成为孩子值得信任的向导。家长要根据学校发布的学习指南和数字学习资源,学习数字素养、数字礼仪、数字安全、数字责任和权利等数字公民应具备的素质,然后告知孩子正确的网络行为规

---

① UNESCO Bangkok. A Policy Review: Building Digital Citizenship in Asia-Pacific through Safe, Effective and Responsible Use of ICT[R]. UNESCO Bangkok Office,2016:34.

② 林瑶. 数字公民教育视角下的青少年网络欺凌治理研究[D].杭州:浙江工业大学,2017:34.

③ 林瑶. 数字公民教育视角下的青少年网络欺凌治理研究[D].杭州:浙江工业大学,2017:35.

④ Elsaesser C, Russell B, Ohannessian C M, Patton D. Parenting in a digital age: A review of parents' role in preventing adolescent cyberbullying[J]. Aggression and Violent Behavior, 2017 (35): 62-72.

范、网络权利与义务以及如何应对网络欺凌等危险,让孩子一旦遇到困扰,及时向家长求助。其次,家长要加强亲子沟通,了解他们的网络行为习惯。多数遭遇网络欺凌的孩子不愿意告诉家长自己的经历,是因为对家长不信任以及怕被剥夺上网的权利,因此,在日常生活中,家长要尽可能与孩子多沟通,多讨论网络问题,了解他们的校园生活和网络行为,增强他们对自己的信任感。通过交谈发现孩子的一些错误网络使用行为,引导他们安全合规地用网。[①]

4. 社会协同机制

数字公民教育的推进,不仅需要政府、学校、家庭等利益攸关方的努力,还需要公益组织、学者专家等社会各方的关注和帮扶,构建全过程的社会参与机制,并利用社会参与提高社会的关爱意识,形成良好的互助氛围。

"以美国国际教育技术协会为例,它不仅负责制定和更新数字公民教育的标准,还开发了许多数字资源和平台供实施数字公民教育之用,如'数字公民教育:普通课程''数字公民教育:管理者课程''数字公民教育:指导课程''数字公民教育:教师课程''数字公民教育:学生课程''数字公民教育:连通课程'等。此外,协会还以定期召开国际研讨会、不定期开展工作坊等形式,汇集全球数字公民教育领域的研究及实践人士,共同探讨最新问题和进展。"[②]

在我国,数字公民教育可以充分发挥行业协会、公益组织的优势和作用,"(1)开展关于'青少年如何正确安全地使用网络技术'的教育讲座;(2)为青少年提供数字公民素养培训和反网络欺凌咨询;(3)编写《数字公民教育》手册;(4)建立数字公民教育网站,为青少年、家长等提供免

---

① 林瑶. 数字公民教育视角下的青少年网络欺凌治理研究[D]. 杭州:浙江工业大学,2017:35.
② 杨浩,徐娟,郑旭东. 信息时代的数字公民教育[J]. 中国电化教育,2016(1):12.

费的在线数字资源;(5)承担学校数字公民教育的师资培训;(6)设立数字公民教育基金会,用于数字公民教育专项事业发展"①。

5. 媒体引导机制

数字公民教育的实施,是一个自上而下层层推展的持续过程。在实施和推进过程中,它需要各类媒体密切配合,充分发挥自身优势,形成强大的传播矩阵,以期家喻户晓,深入人心。首先,要充分阐释开展数字公民教育的背景、内容和意义。在前期,政府、学校和社会力量要积极利用主流媒体、社交媒体、自媒体等舆论工具,向公众大力普及数字公民教育的基本知识,提高广大社会成员的认知水平和自觉意识。其次,要善于发现数字公民教育活动中具有先进性和示范性的典型经验,及时总结,加以推广;对产生较大不良影响的网络欺凌案例进行警示性剖析,防微杜渐,未雨绸缪,引导青少年养成文明规范的用网行为。"最后,媒体机构可以与其他组织合作,设立数字公民教育网站、论坛、公众号等,为公众提供免费的数字公民教育资源和咨询"②,帮助青少年尽快掌握网络安全技术(如内容和行为分析技术、过滤体系、监测体系、阻断不良接触技术等),使得青少年远离网络欺凌,并在遇到特殊情况时知道如何妥善处置。

移动互联时代,善用网络而非滥用网络应该成为衡量和判别个体和群体媒介素养及数字公民意识的重要标尺。"一个现代化的社会,应该既充满活力又拥有良好秩序,呈现出活力和秩序的有机统一。"习近平总书记深刻指出,"社会治理是一门科学,管得太死,一潭死水不行;管得太

---

① 林瑶.数字公民教育视角下的青少年网络欺凌治理研究[D].杭州:浙江工业大学,2017:36.
② 林瑶.数字公民教育视角下的青少年网络欺凌治理研究[D].杭州:浙江工业大学,2017:36.

松,波涛汹涌也不行。"[①]如何有力保障和增进网络安全,有效规避和治理网络风险,打造人类网络命运共同体,不仅是时代赋予我们的重大命题,同时也是人类建设美好家园的内在需要。当我们与世界各地的有识之士共同聚焦和探讨网络欺凌问题时,我们不仅应该更多地关注和研究网络化、信息化、数字化和智能化的技术影响,还应该研究它们的历史演进及其政策取向的影响,以期网络和数字技术能够更好地服务于人类的安全利益、生存诉求和人文发展的需要。

---

① 人民日报评论员.以共建共治共享拓展社会发展新局面——论学习贯彻习近平总书记在经济社会领域专家座谈会上重要讲话[N].人民日报,2020-08-31.

参考文献

1 外文文献

[1] Alejandra Sarmiento, Mauricio Herrera-López, Izabela Zych. Is cyberbullying a group process? Online and offline bystanders of cyberbullying act as defenders, reinforcers and outsiders [J]. Computers in Human Behavior, 2019(99): 328-334.

[2] Alonso-Ruido P, Rodriguez-Castro Y, Lameiras-Fernández M, & Martínez-Román, R. Las motivaciones hacia el sexting de los y las adolescentes gallegos/as[J]. Revista de Estudios e Investigación en Psicología y Educación, 2017(13): 47-51.

[3] Anna Lisa Palermiti, Rocco Servidio, Maria Giuseppina Bartolo, Angela Costabile, Cyberbullying and self-esteem: An Italian study[J]. Computers in Human Behavior, 2017(69): 136-141.

[4] Antonia Lonigro, Barry H. Schneider, Fiorenzo Laghi, Roberto Baiocco, Susanna Pallini, Thomas Brunner. Is cyberbullying related to trait or state anger? [J]. Child Psychiatry Hum Dev, 2015(46): 445-454.

［5］ Bandura A. Self-efficacy：Toward a unifying theory of behavioral change［J］. Psychol. Rev. 1977,84(2)：191-215.

［6］ Barlett C P, Gentile D A, & Chew C. Predicting cyberbullying from ano-nymity［J］. Psychology of Popular Media Culture, 2016, 5(2)：171-180.

［7］ Bowlby J, Ainsworth M D S, & Fry M (1965). Child care and the growth of love based by permission of the World Health Organization on the report 'Maternal care and mental health' (2nd ed.). ［M］. Harmondsworth, UK：Penguin books, 1965：271.

［8］ Brett J. Litwiller,Amy M. Brausch. Cyber bullying and physical bullying in adolescent suicide：The role of violent behavior and substance use［J］. Journal of Youth and Adolescence, 2013(42)：675-684.

［9］ Christopher P. Barlett, Kristina Chamberlin. Examining cyberbullying across the lifespan［J］. Computers in Human Behavior, 2017(71)：444-449.

［10］ Costa Ferreira P, Veiga Simão A M, Ferreira A, Souza S, Francisco S. Student bystander behavior and cultural issues in cyberbullying：When actions speak louder than words［J］. Computers in Human Behavior, 2016(60)：301-311.

［11］ Cuiying Fan, Xiaowei Chu, Meng Zhang, Zongkui Zhou. Are narcissists more likely to be involved in cyberbullying? Examining the mediating role of self-esteem［J］. Journal of Interpersonal Violence, 2019, 34(15)：3127-3150.

［12］Den Hamer A H，Konijn E A. Can emotion regulation serve as a tool in combating cyberbullying? ［J］. Personality and Individual Differences，2016(102)：1-6.

［13］Diana J Meter，Sheri Bauman. When sharing is a bad idea： The effects of online social network engagement and sharing passwords with friends on cyberbullying involvement[J]. Cyberpsychology, Behavior, and Social Networking, 2015, 18 (8)：437-442.

［14］Dimitrios Nikolaou，Does cyberbullying impact youth suicidal behaviors? ［J］. Journal of Health Economics，2017(56)： 30-46.

［15］Doane A N，Pearson M R，& Kelley M L. Predictors of cyberbullying perpetration among college students：An application of the theory of reasoned action[J]. Computers in Human Behavior，2014(36)：154-162.

［16］Elsaesser C，Russell B，Ohannessian C M，& Patton D. Parenting in a digital age：A review of parents' role in preventing adolescent cyberbullying[J]. Aggression and Violent Behavior，2017(35)：62-72.

［17］Elisa Larrañaga，Santiago Yubero，Anastasio Ovejero，Raúl Navarro. Loneliness，parent-child communication and cyberbullying victimization among Spanish youths[J]. Computers in Human Behavior，2016(65)：1-8.

［18］Fantasy T Lozada，Brendesha M Tynes. Longitudinal effects of online experiences on empathy among African American adolescents[J]. Journal of Applied Developmental Psychology，2017(52)：181-190.

[19] Guadalupe Espinoza. A daily diary approach to understanding cyberbullying experiences among latino adolescents：Links with emotional，physical and school adjustment[D]. Los Angeles：University of California，2013.

[20] Heidi Vandebosch，Katrien Van Cleemput. Cyberbullying among youngsters：Profiles of bullies and victims[J]. New Media & Society，2009(11)：1349-1371.

[21] Heirman W，& Walrave M. Predicting adolescent perpetration in cyber-bullying：An application of the theory of planned behavior[J]. Psicotherma，2012(24)：614-620.

[22] Hyojong Song，Yeungjeom Lee，Jihoon Kim. Gender differences in the link between cyberbullying and parental supervision trajectories[J]. Crime & Delinquency，2020，66(13-14)：1914-1936.

[23] Jasso J L，López F，& Gámez-Guadix M. Assessing the links of sexting，cyber victimization，depression，and suicidal ideation among university students[J]. Archives of Suicide Research，2018(22)：153-164.

[24] José Neves，Luzia de Oliveira Pinheiro. Cyberbullying：A sociological approach[J]. International Journal of Technoethics (IJT)，2010(13)：24-34.

[25] Kassandra Gahagan，Mitchell Vaterlaus J，Libby R Frost. College student cyberbullying on social networking sites：

Conceptualization, prevalence, and perceived bystander responsibility[J]. Computers in Human Behavior, 2016,55(Part B): 1097-1105.

[26] Kyung-Shick Choi, Sujung Cho, Jin Ree Lee. Impacts of online risky behaviors and cybersecurity,management on cyberbullying and traditional bullying victimization among Korean youth: Application of cyber-routine activities theory with latent class analysis[J]. Computers in Human Behavior, 2019 (100): 1-10.

[27] Larrañaga E, Yubero S, Ovejero A, & Navarro R. Loneliness, parent-child communication and cyberbullying victimization among Spanish youths[J]. Computers in Human Behavior, 2016(65): 1-8.

[28] Li Q, Cross D, & Smith P K. Cyberbullying in the global playground: Research from international perspectives[J]. Chichester: Wiley -Blackwell, 2012: 326.

[29] Lobbestael J, Baumeister R F, Fiebig T, & Eckel L A. The role of gran-diose and vulnerable narcissism in self-reported and laboratory aggression and testosterone reactivity[J]. Personality and Individual Differences, 2014(69): 22-27.

[30] Lynette K Watts, Jessyca Wagner, Benito Velasquez, Phyllis I. Behrens. Cyberbullying in higher education: A literature review[J]. Computers in Human Behavior, 2017 (69): 268-274.

[31] Maite Garaigordobil. Psychometric properties of the cyber-

bullying test, a screening instrument to measure cybervictim-ization, cyberag gression, and Cyber observation[J]. Journal of Interpersonal Violence, 2017(32): 3556-3576.

[32] Makri-Botsari E, Karagianni G. Cyberbullying in Greek ado-lescents: The role of parents[J]. Procedia-Social and Behav-ioral Sciences, 2014(116): 3241-3253.

[33] Manuel Gámez-Guadix, Estibaliz Mateos-Pérez, Longitudinal and reciprocal relationships between sexting, online sexual solicitations, and cyberbullying among minors[J]. Comput-ers in Human Behavior, 2019(94): 70-76.

[34] Martinez-Monteagudo M C, Delgado B Ingles C J, Escortell R. Cyberbullying and social anxiety: A latent class analysis a-mong Spanish adolescents[J]. International Journal of Envir-ommental Research and Public health, 2020, 17(2): 109.

[35] Matthew Savage. Developing a measure of cyberbullying per-petration and victimization[D]. Arizona: Arizona State Uni-versity, 2012.

[36] Matthew W Savage, Robert S Tokunaga. Moving toward a theory: Testing an integrated model of cyberbullying perpe-tration, aggression, social skills, and Internet self-efficacy [J]. Computers in Human Behavior, 2017(71): 353-361.

[37] Mesch Gustavo S. Parental mediation, online activities, and cyberbullying[J]. Cyberpsychology & behavior. 2009, 12 (4): 387-398.

[38] Mona Khoury-Kassabri, Faye Mishna, Adeem Ahmad Mas-

sarwi. Cyberbullying perpetration by Arab youth: The direct and interactive role of individual, family, and neighborhood characteristics[J]. Journal of Interpersonal Violence, 2019, 34(12): 2498-2524.

[39] Musharraf S, Bauman S, Anis-ul-Haque M, Malik J A. Development and validation of ICT self-efficacy scale: Exploring the relationship with cyberbullying and victimization[J]. International Journal of Envirommental Research and Public health, 2018, 15(12).

[40] Özgür Erdur-Baker. Cyberbullying and its correlation to traditional bullying, gender and frequent and risky usage of internet-mediated communication tools[J]. New Media & Society, 2010, 12(1): 109-125.

[41] Paul Evans. Cyberbullying prevention and response: Expert perspectives[J]. in: J. W. Patchin and S. Hinduja. Emotional and behavioural difficulties. New York: Routledge, 2012: 204.

[42] Pirjo L Lindfors, Riittakerttu Kaltiala-Heino, Arja H Rimpelä. Cyberbullying among Finnish adolescents-a population-based study[J]. BMC Public Health, 2012(12): 1027.

[43] Qiyu Bai, Shiguo Bai, Yuyan Huang, Fang-Hsuan Hsueh, Pengcheng Wang, Family incivility and cyberbullying in adolescence: A moderated mediation model[J]. Computers in Human Behavior, 2020(110): 106315.1-106315.8.

[44] Randy Y M Wong, Christy M K Cheung, Bo Xiao. Does gen-

der matter in cyberbullying perpetration? An empirical investigation[J]. Computers in Human Behavior, 2018(79): 247-257.

[45] Redmond P, Lock J V, Smart V. Developing a cyberbullying conceptual framework for educators[J]. Technology in Society, 2020(60): 101223. 1-101223. 8.

[46] Rodelli M, DeBourdeaudhuij I, Dumon E, Portzky G, DeSmet A. Which healthy life style factors are associated with alower risk of suicidal ideation among adolescents faced with cyber bully ing? [J]. Preventive Medicine, 2018(11): 32-40.

[47] Ruth Festl, Thorsten Quandt. Social relations and cyberbullying: The influence of individual and structural attributes on victimization and perpetration via the Internet[J]. Human Communication Research, 2013, 39(1): 101-126.

[48] Sameer Hinduja, Justin W. Patchin. Cultivating youth resilience to prevent bullying and cyberbullying victimization[J]. Child Abuse & Neglect, 2017(73): 51-62.

[49] Santiago Yubero, Raúl Navarro, María Elche, Elisa Larrañaga, Anastasio Ovejero. Cyberbullying victimization in higher education: An exploratory analysis of its association with social and emotional factors among Spanish students[J]. Computers in Human Behavior, 2017(75): 439-449.

[50] Sara Pabian, Heidi Vandebosch, Karolien Poels, Katrien Van Cleemput, Sara Bastiaensens. Exposure to cyberbullying as a bystander: An investigation of desensitization effects among

early adolescents[J]. Computers in Human Behavior, 2016 (62): 480-487.

[51] Sßerife Ak, Yalçın Özdemir, Yaßsar Kuzucu. Cybervictimization and cyberbullying: The mediating role of anger, don't anger me! [J]. Computers in Human Behavior, 2015(49): 437-443.

[52] Shapka J D, & Law D M. Does one size fit all? Ethnic differences in parenting behaviors and motivations for adolescent engagement in cyberbullying[J]. Journal of Youth and Adolescence, 2013, 42(5), 723-738.

[53] Shari Kessel Schneider, Lydia O'Donnell, Erin Smith. Trends in cyberbullying and school bullying victimization in a regional census of high school students, 2006—2012 [J]. School Health,2015,859.

[54] Shirley S Ho, May O Lwin, Andrew Z H Yee, Jeremy R H Sng, Liang Chen. Parents' responses to cyberbullying effects: How third-person perception influences support for legislation and parental mediation strategies[J]. Computers in Human Behavior, 2019(92): 373-380.

[55] Su-Jin Yang, Robert Stewart, Jae-Min Kim, Sung-Wan Kim, Il-Seon Shin, Michael E. Dewey, Sean Maskey, Jin-Sang Yoon. Differences in predictors of traditional and cyber-bullying: A 2-year longitudinal study in Korean school children [J]. Eur Child Adolesc Psychiatry, 2013(22): 309-318.

[56] Tanrıkulu Taşkın, Kınay Hüseyin, Arıcak O Tolga. Sensibil-

ity development program against cyberbullying [J]. New Media & Society, 2015,17(5): 708-719.

[57] Tolga A, Sinem S, Aysegul U, Sevda S, Songul C, Nesrin Y, Cemil M. Cyberbullying among Turkish adolescents[J]. Cyberpsychology & Behavior: The Impact of the Internet, Multimedia and Virtual Reality on Behavior and Society, 2008,11(3):253-61.

[58] Tsitsika A, Janikiana M, Wójcik S, Makaruk K, Tzavela E, Tzavara C, Greydanus D, Merrick J, Richardson C. Cyberbullying victimization prevalence and associations with internalizing and externalizing problems among adolescents in six European countries[J]. Computers in Human Behavior, 2015 (51): 1-7.

[59] Vandebosch Heidi, Van Cleemput Katrien. Defining cyberbullying: A qualitative research into the perceptions of youngsters[J]. Cyberpsychology & behavior, 2008(4): 499-503.

[60] Veiga Simão A M, Costa Ferreira P, Freire I, Caetano A P, Martins M J, Vieira C. Adolescent cybervictimization—Who they turn to and their perceived school climate[J]. Journal of Adolescence, 2017(58): 12-23.

[61] Vimala Balakrishnan Unraveling the underlying factors SCulPTing cyberbullying behaviours among Malaysian young adults[J]. Computers in Human Behavior, Volume, 2017 (75): 94-205.

[62] Xingchao Wang，Li Yang，Jiping Yang，Pengcheng Wang，Li Lei. Trait anger and cyberbullying among young adults：A moderated mediation model of moral disengagement and moral identity[J]. Computers in Human Behavior，2017(73)：519-526.

[63] Yuhong Zhu，Wen Li，Jennifer E. O'Brien，Tingting Liu. Parent-child attachment moderates the associations between cyberbullying victimization and adolescents health/mental health problems：An exploration of cyberbullying victimization among Chinese adolescents[J]. Journal of Interpersonal Violence，2021，36(17-18)：NP9272-NP9298.

[64] 戸田有一,青山郁子,金綱知征「ネットいじめ研究と対策の国際的動向と展望」[J]〈教育と社会〉研究.2013,23(1):29-39.

[65] 内海 しょか,中学生のネットいじめ,いじめられ体験—親の統制に対する子どもの認知,および関係性攻撃との関連—[J]教育心理学研究.2010,58(1)：12-22.

[66] ミキとやま. わが国の最近1年間における教育心理学の研究動向と展望 発達部門(児童・青年)わが国における児童・生徒の発達研究の動向. The Annual Report of Educational Psychology in Japan，2011(50)：78.

[67] 戸田有一,青山郁子,金綱知征「ネットいじめ研究と対策の国際的動向と展望」[J]〈教育と社会〉研究.2013,23(1):29-39.

2 中文文献

[1] 安德鲁·基恩. 网民的狂欢——关于互联网弊端的反思[M].

丁德良,译.海口.南海出版公司,2010.

[2] 安东尼·吉登斯.社会的构成:结构化理论大纲[M].李康,李猛,译.北京:生活·读书·新知三联书店,1998.

[3] 陈昌凤,眉泽霞.网络欺凌与防范——互联网时代的未成年人保护[J].中国广播,2013(12):27-30.

[4] 陈桂敏.澳门青少年网络欺凌状况研究[D].武汉:华中科技大学,2013.

[5] 陈美华,陈祥雨.网络欺凌现象与青少年网络欺凌的法律预防[J].南京师大学报,2016(3):51-56.

[6] 陈伟宏.网络社会的伦理与道德教育——"第 26 次中韩伦理学国际学术大会"综述[J].道德与文明,2020(1):156-158.

[7] 戴维·波普诺.社会学[M].李强,译.北京:中国人民大学出版社,2007.

[8] 丹·希勒.数字资本主义[M].杨立平,译.南昌:江西人民出版社,2001.

[9] 丁欣放,曾珂,段止璇,张曼华.国外网络欺凌干预方案介绍[J].中国学校卫生,2021(2):165-169.

[10] 董金秋,邓希泉.发达国家应对青少年网络欺凌的对策及其借鉴[J].中国青年研究,2010(12):19-24.

[11] 杜海清.澳大利亚、欧美国家应对网络欺凌的策略及启示[J].外国中小学教育,2013(4):15-20.

[12] 阚予心."网络暴力"根源的哲学分析[D].大连:大连理工大学,2018.

[13] 胡子鸣,力莎.中外网络欺凌应对对策的比较研究[J].高教学刊,2016(14):254-255＋257.

[14] 胡子鸣.大学生网络欺凌防范的主体性建构[J].无锡商业职业技术学院学报,2016(4):76-80.

[15] 黄方.网络欺凌行为的法律规制——以青少年为研究重点[D].北京:北京邮电大学,2014.

[16] 黄少华.社会资本对网络政治参与行为的影响——对天津、长沙、西安、兰州四城市居民的调查分析[J].社会学评论,2018(4):19-32.

[17] 李菲.未成年人网络欺凌:网络运营者的角色责任探赜[J].青少年研究与实践,2019(4):103-112.

[18] 李宏利.网络欺负的特性、表现及干预——基于国外研究的归纳分析[J].中国青年研究,2010(12):15-158.

[19] 李静.未成年人网络欺凌的法律规制——以美国为研究视角[J].暨南学报(哲学社会科学版),2010(3):207-212+277.

[20] 李廷军.从抵制到参与——西方媒体素养教育的流变及启示[D].武汉:华中师范大学,2011.

[21] 李震英.英国政府出资遏制"网络欺凌"[J].基础教育参考,2010(9):27.

[22] 李·雷尼,巴里·威尔曼.超越孤独:移动互联时代的生存之道[M].杨伯溆,高崇,等译.北京:中国传媒大学出版社,2015.

[23] 廖焕辉.网络欺凌行为的侵权责任研究——兼谈网络环境下对未成年人的保护[D].北京:中国政法大学,2012.

[24] 刘存地.认知偏差与突破路径:炒作高峰期后的大数据与社会研究[J].信息资源管理学报,2020(2):37-47.

[25] 刘欢.我国未成年人网络欺凌法律规制研究[D].石家庄:河北

大学,2018.

[26] 刘业青,林杰.网络欺凌的学校惩戒:美国的判例与经验[J].
现代传播,2021(1):162-168.

[27] 简·麦戈尼格尔.游戏改变世界:游戏化如何让世界变得更美
好[M].闾佳,译.杭州:浙江人民出版社,2012.

[28] 姜方炳."网络暴力":概念、根源及其应对——基于风险社会
的分析视角[J].浙江学刊,2011(3):181-187.

[29] 匡文波.高岩.新媒介环境下西方国家保护未成年人免受不良
信息侵害的策略分析[J].国际新闻界,2010(10):39-45.

[30] 马克·鲍尔莱因.最愚蠢的一代[M].杨蕾,译.天津:天津社
会科学院出版社,2011.

[31] 马娇.澳大利亚青少年校园欺凌现象及防治策略研究[D].西
安:陕西师范大学,2019.

[32] 迈克尔·辛克尔特里.大众传播研究[M].刘燕南,等译.北
京:华夏出版社,2000.

[33] 曼纽尔·卡斯特.认同的力量[M].曹荣湘,译.北京:社会科
学文献出版社,2006.

[34] 欧文·戈夫曼.日常生活中的自我呈现[M].冯钢,译.北京:
北京大学出版社,2008.

[35] 秦曙,何杰.德国校园欺凌现象考察及其治理经验[J].淮阴师
范学院学报(自然科学版),2020(19):264-268.

[36] 屈雅山.英国应对学生网络欺凌的策略及启示[J].教育与管
理,2020(31):79-82.

[37] 孙时进,邓士昌.青少年的网络欺凌:成因、危害及防治对策
[J].现代传播(中国传媒大学学报),2016(2):144-148.

[38] 邵景院.韩国善帖运动对网络欺凌问题的应对与启示[J].今传媒,2016(4):36-38.

[39] 史景轩.日本应对学生网络欺辱的八大策略[J].中小学管理,2013(7):53-55.

[40] 师艳荣.日本中小学网络欺凌问题分析[J].青少年犯罪问题,2010(2):40-44.

[41] 宋佳玲.青少年网络欺凌问题研究[D].北京:中国人民公安大学,2017.

[42] 宋雁慧.网络欺凌与学校责任[J].中国青年社会科学,2015(4):56-60.

[43] 王佑镁,宛平,柳晨晨.培养负责任的数字公民——国际数字公民教育政策文本的多维比较[J].比较教育研究,2021(3):8-14＋23.

[44] 吴丽娟.大学生数字公民责任现状调查研究[D].金华:浙江师范大学,2013.

[45] 吴薇.美国应对青少年网络欺凌的策略[J].福建教育,2014(8):21-23.

[46] 吴玉兰.以德治网与依法治网[M].宁波:宁波出版社,2021.

[47] 习近平.习近平谈治国理政(第二卷)[M].北京:外文出版社,2017.

[48] 肖婉,张舒予.加拿大反网络欺凌媒介素养课程个案研究与启示——基于"网络欺凌:鼓励道德的在线行为"课程的分析[J].外国中小学教育,2016(9):5-10.

[49] 肖婉,张舒予.国外网络欺凌研究热点与实践对策——基于Citespace知识图谱软件的量化分析[J].比较教育研究,2016

(4):66-72.

[50] 肖婉,张舒予.澳大利亚反网络欺凌政府监管机制及启示[J].中国青年研究,2015(11):114-119.

[51] 徐洁.激活人的"善之禀赋":康德论人性与道德教育[J].教育研究与实验,2020(4):28-32.

[52] 徐顺.基于社会认知理论的大学生数字公民素养影响因素及提升策略研究[D].武汉:华中师范大学,2019.

[53] 杨大可.德国校园欺凌法律规制体系及司法实践探析[J].比较教育研究,2020,42(12):100-106.

[54] 杨浩,徐娟,郑旭东.信息时代的数字公民教育[J].中国电化教育,2016(1):9-16.

[55] 杨晓莹.赋权:学校现代化评价的刚性治理标准[J].苏州大学学报(教育科学版),2020,8(3):12-28.

[56] 杨振武.把握好政治家办报的时代要求——深入学习贯彻习近平同志在党的新闻舆论工作座谈会上的重要讲话精神[J].新闻战线,2016(05):5-9.

[57] 姚建平.国际青少年网络伤害及其应对策略[J].山东警察学院学报,2011,23(1):98-104.

[58] 姚宁,黄伟.中国青年网络欺凌的安全保护——以日本网络欺凌防护措施为鉴[J].现代经济信息,2016(4):297-298.

[59] 俞思瑾,郑云翔,杨浩,黄星云,钟金萍.国际数字公民教育研究的现状、热点及前沿[J].开放教育研究,2018,24(6):49-59.

[60] 赵芳.英国为解决校园欺凌问题提供创新方案[J].世界教育信息,2016,29(21):78-79.

[61] 展望二十一世纪——汤因比与池田大作对话录[M].荀春生,

等译.北京:国际文化出版公司,1985.

[62] 张丹.论网络欺负的治理对策[J].青春岁月,2016(13):180.

[63] 张立新,张小艳.论数字原住民向数字公民转化[J].中国电化
教育,2015(10):11-15.

[64] 张艳红.虚拟社会与角色扮演[M].宁波:宁波出版社,2018.

[65] 周定平.论虚拟社会管控的法律规制[J].中国人民公安大学
学报(社会科学版),2011,27(5):82-87.

[66] 周小李,王方舟.数字公民教育:亚太地区的政策与实践[J].
比较教育研究,2019,41(8):3-10.

[67] 周晓阳.批判性思维是学习品质的保障[N].中国教育报,
2018-11-08(007).

[68] 郑安琪.立足现实基础　推动我国网络强国建设[J].通信管
理与技术,2020(3):6-8.

[69] 卓翔.网络犯罪若干问题研究[D].北京:中国政法大学,2004.

[70] 钟悦.美国:重视学生媒介素养与数字公民教育[J].人民教
育,2021(2):78.

[71] 祝玉红,陈群,周华珍.国外网络欺凌研究的回顾与最新进展
[J].中国青年研究,2014(11):80-85.

附　录

附录一　有关网络欺凌行为认知态度的调研问卷

亲爱的同学：

你好！

非常感谢您参与此次问卷调查。本次调查采用不记名方式进行，你所提供的答案均无好坏对错之分，请认真阅读每部分的指导语和题目，根据自己的真实情况，选择最为贴切的选项，不要多选或者漏选。本结果仅作为学术研究之用，将为你严格保密，不会对你的学习和生活造成任何不良影响，请放心认真作答。

1. 你的性别 * ［单选题］

○男

○女

2. 平均每天上网时间 * ［单选题］

○0～3 小时

○3～6 小时

○6～9 小时

○9 小时以上

3. 上网的主要活动 ＊［多选题］

□学习

□获取资讯消息

□娱乐和游戏

□消费

□社交

□其他_____

4. 你对网络欺凌是否了解，是否经历过网络欺凌 ＊［单选题］

○没经历过，知道一点

○没经历过，但了解不少

○经历过，所以知道好多

5. 你（或者身边人）是否参与过对他人的网络欺凌 ＊［单选题］

○是

○否

6. 你认为遭受网络欺凌的影响会持续多长时间 ＊［单选题］

○会持续 2～3 天

○会持续一个月

○会持续半年

○会持续一年

○会持续一年及以上

7. 你认为什么性别更容易受到网络欺凌 ＊［单选题］

○男性

○女性

○都容易

8. 你认为哪个年龄段的学生更容易对他人进行网络欺凌 ＊［多选题］

□小学生年龄段（6～12 岁）

□初中生年龄段(13～15 岁)

□高中生年龄段(16～18 岁)

□大学生年龄段(19～22 岁)

□大学生及以上

9. 你认为什么年龄的学生更容易遭到网络欺凌 *[多选题]

□小学

□初中

□高中

□大学

10. 你认为网络欺凌者的内心活动是什么样的 *[多选题]

□对异己观念进行人身攻击

□跟风,看别人骂了自己也骂

□纯属无聊

□借机发泄情绪

□其他(如果有想法,大胆地说出来)_____

11. 你认为他人进行网络欺凌的原因有哪些 *[多选题]

□网络的空间性,日常生活不受影响

□网络空间的监管缺乏

□匿名性(青少年缺乏共情)

□青少年自身存在的特性(逆反心理,不能承担后果,自尊心强等)

□其他(如果有自己的想法请写一下,我们也需要别的原因,谢

谢)_____

12. 你是否知道网络欺凌的类型 *[单选题]

○是

○否

13. 生活中普遍存在的网络欺凌方式你知道几个 *［多选题］

□网络论战

□网络骚扰

□把受害人资料进行曝光

□污蔑他人

□冒名顶替

□孤立他人

□网络盯梢(不停地给他人发送骚扰信息)

□恶意投票

□其他(如果有别的你知道的也可以写下来,谢谢!)_____

14. 你对网络欺凌的后果了解吗 *［单选题］

○了解

○不了解

○大致能想到一些

15. 你知道的网络欺凌后果有哪些 *［多选题］

□抑郁症

□自杀

□恐慌

□失眠

□不愿意上学

□对别人失去信任

□没有影响

□其他(如果你对其他的后果有所了解,请写下来,对我们有很大帮助,谢谢!)_____

16. 你认为采取什么措施能够有效预防网络欺凌 *［多选题］

□加强心理教育

□对在校园网络欺凌中违规的学生给予严厉的处罚

□根据相关法律法规,对这类事件建立严格的监管、处罚体系

□网络管理人员加强管理

□进行相关"反网络欺凌的宣传"

□建立网络实名制

□其他（如有其他想法,请放心大胆地提出,我们需要你的建议）_____

17. 你知道哪些应对方法？如果你遭受欺凌或者看到他人遭受欺凌,会采取哪些方法？＊［多选题］

□置之不理

□进行投诉

□联系学校

□告知家长

□诉讼威胁

□联系警方

□其他（如果你还知道其他的方法,请帮助我们,谢谢!）_____

附录二　有关网络欺凌行为认知态度调研问卷的数据分析

1. 你的性别＊［单选题］

选项	小计	比例	
○男	159		23.66％
○女	513		76.34％
本题有效填写人次	672		

2. 平均每天上网时间＊［单选题］

选项	小计	比例	
○0～3 小时	55		8.18％
○3～6 小时	250		37.2％
○6～9 小时	233		34.67％
○9 小时以上	134		19.94％
本题有效填写人次	672		

3. 上网的主要活动＊［多选题］

选项	小计	比例	
在线学习	417		62.05％
获取资讯消息	476		70.83％
娱乐和游戏	604		89.88％
网络消费	367		54.61％
网络社交	530		78.87％
其他	103		15.33％
本题有效填写人次	672		

4. 你对网络欺凌是否了解？是否经历过网络欺凌＊［单选题］

选项	小计	比例

○没经历过,知道一点　　342　　　　　　　　　　　　　　　　50.89%

○没经历过,但了解不少　301　　　　　　　　　　　　　　　44.79%

○经历过,所以知道好多　29　　　　　　　　　　　　　　　　4.32%

本题有效填写人次　　　672

5. 你(或者身边人)是否参与过对他人的网络欺凌 ∗[单选题]

选项	小计	比例
○是	58	8.63%
○否	614	91.37%
本题有效填写人次	672	

6. 你认为遭受网络欺凌的影响会持续多长时间 ∗[单选题]

选项	小计	比例
○会持续 3 天以内	46	6.85%
○会持续一个月	162	24.11%
○会持续半年	111	16.52%
○会持续一年	32	4.76%
○会持续一年以上	321	47.77%
本题有效填写人次	672	

7. 你认为什么性别更容易受到网络欺凌 ∗[单选题]

选项	小计	比例
○男性	12	1.79%
○女性	204	30.36%
○都容易	456	67.86%
本题有效填写人次	672	

8. 你认为哪个年龄段的学生更容易对他人进行网络欺凌 ∗[多选题]

选项	小计	比例
小学生年龄段(6～12 岁)	275	40.92%

初中生年龄段（13～15 岁）　535　⬛⬛⬛⬛⬛　79.61%

高中生年龄段（16～18 岁）　467　⬛⬛⬛⬛⬛　69.49%

本科生年龄段（19～22 岁）　256　⬛⬛⬛　38.1%

研究生及以上　105　⬛　15.63%

本题有效填写人次　672

9. 你认为什么年龄的学生更容易遭到网络欺凌 * ［多选题］

选项	小计	比例
小学	305	⬛⬛⬛　45.39%
初中	476	⬛⬛⬛⬛　70.83%
高中	491	⬛⬛⬛⬛⬛　73.07%
大学	380	⬛⬛⬛⬛　56.55%
本题有效填写人次	672	

10. 你认为网络欺凌者的内心活动是什么样的 * ［多选题］

选项	小计	比例
对异己观念进行人身攻击	592	⬛⬛⬛⬛⬛　88.1%
跟风,模仿他人行为	529	⬛⬛⬛⬛⬛　78.72%
纯属无聊	270	⬛⬛⬛　40.18%
借机发泄情绪	583	⬛⬛⬛⬛⬛　86.76%
其他（如果有想法请大胆地说出来）	35	⬛　5.21%
本题有效填写人次	672	

11. 你认为对他人进行网络欺凌的原因有哪些 * ［多选题］

选项	小计	比例
网络空间的行为对现实生活不影响	521	⬛⬛⬛⬛　77.53%
网络空间缺乏监管	569	⬛⬛⬛⬛⬛　84.67%

网络匿名性（青少年缺乏共情心理）	575	85.57％
青少年自身存在的特性（逆反心理，不能承担后果，自尊心强等）	528	78.57％
其他（如果有想法请大胆地说出来）	23	3.42％
本题有效填写人次	672	

12. 你是否知道网络欺凌的类型 *［单选题］

选项	小计	比例
○是	255	37.95％
○否	417	62.05％
本题有效填写人次	672	

13. 生活中普遍存在的网络欺凌的方式有哪些 *［多选题］

选项	小计	比例
网络论战	535	79.61％
网络骚扰	597	88.84％
人肉搜索＋网络曝光	637	94.79％
污蔑他人	586	87.2％
冒名顶替	311	46.28％
孤立他人	414	61.61％
网络盯梢（不停地给他人发送骚扰信息）	466	69.35％
恶意投票	385	57.29％
其他（如果有别的你知道也可以写下来哦，谢谢！）	15	2.23％

本题有效填写人次　　672

14. 你对网络欺凌的后果了解吗 *［单选题］

选项	小计	比例	
○了解	179		26.64%
○不了解	49		7.29%
○大致能想到一些	444		66.07%

本题有效填写人次　　672

15. 你知道的网络欺凌后果有哪些 *［多选题］

选项	小计	比例	
抑郁症	654		97.32%
自杀	610		90.77%
恐慌	598		88.99%
失眠	609		90.63%
不愿意上学	560		83.33%
对他人失去信任	601		89.43%
没有影响	47		6.99%
其他(如果你对其他的后果有所了解,请写下来,对我们有很大帮助,谢谢)	15		2.23%

本题有效填写人次　　672

16. 你认为采取什么措施能够有效预防网络欺凌 *［多选题］

选项	小计	比例	
加强青少年心理疏导和教育	596		88.69%
对参与校园网络欺凌的学生给予严厉处罚	562		83.63%

根据相关法律法规，对网络欺凌事件建立严格的监管体系	622	████████	92.56%
对网络从业人员加强管理	537	███████	79.91%
进行相关"反网络欺凌"的宣传教育	544	███████	80.95%
建立网络实名制	534	███████	79.46%
其他（如有其他想法请大胆地提出）	7	██	1.04%
本题有效填写人次	672		

17.如果你遭受欺凌或者看到别人遭受欺凌,你会采取哪些解决方法?

*［多选题］

选项	小计	比例	
置之不理	81	██	12.05%
进行投诉	545	████████	81.1%
联系学校	382	█████	56.85%
告知家长	387	█████	57.59%
诉讼威胁	209	███	31.1%
联系警方	474	███████	70.54%
其他（如果你还知道其他的方法,请帮助我们,谢谢!）	8	█	1.19%
本题有效填写人次	672		

后　记

　　此书是作者主持的国家社会科学基金项目"网络欺凌治理的国际经验及其对我国网络治理的启示研究"（批准号：16BXW043）的结项成果。

　　该项目从立项到结项，历经五个春秋。五年的时间对完成一个科研课题来说，不算太长也不是太短。寒来暑往，周而复始。几番辛苦，几多庆幸。

　　感谢国家社科基金项目评审专家的青眼识拔，感谢国家社科基金项目鉴定专家的剀切审鉴。没有他们的肯定与支持，此项研究恐难为继，亦很难以现今的面目印行。

　　感谢课题组成员及弟子的通力协作，他们或提供了详细的研究资料，或贡献了自己的学术见解。周琼在第二章的"有关网络欺凌行为认知态度的问卷调查"部分扮演了重要的角色，付出了心力；王凌羽、林瑶在参与课题研究的基础上完成了自己的学位论文，通过论文答辩获得了硕士学位，二人的研究构成了书中第三章和结语第二部分的基础框架；王凌羽还与导师合作发表了论文《回顾与展望：国内外网络欺凌研究述评》（载《中国传媒报告》2021 年第 3 期）；叶俊卿在帮助检索和翻译外文资料方面用力甚勤。相契于心，缘起不灭，岂非师生关系应有的模样。

　　感谢我的家人长期以来给予的关爱、理解和支持，他们始终是我坚定而温暖的后援团。

最后,我要表达对责任编辑李海燕女士的谢意,她的襄助和督促使拙作得以早日面世。

尽管此书的所述所论还有一些可再琢磨之处,但我仍愿意把这粗浅的思考呈献给大家,因为它映现了作者孜孜矻矻的探行印迹。野人献曝,不揣谫陋,敬祈方家和读者不吝赐教。

王哲平
2022 年金秋于杭州